Jaan-Willem Simon

Numerische Einspieluntersuchungen mechanischer Komponenten

Jaan-Willem Simon

Numerische Einspieluntersuchungen mechanischer Komponenten

Ein Innere-Punkte Algorithmus zur Berechnung von Strukturen mit begrenzter kinematischer Verfestigung

Südwestdeutscher Verlag für Hochschulschriften

Impressum/Imprint (nur für Deutschland/only for Germany)
Bibliografische Information der Deutschen Nationalbibliothek: Die Deutsche Nationalbibliothek verzeichnet diese Publikation in der Deutschen Nationalbibliografie; detaillierte bibliografische Daten sind im Internet über http://dnb.d-nb.de abrufbar.

Coverbild: www.ingimage.com

Verlag: Südwestdeutscher Verlag für Hochschulschriften GmbH & Co. KG
Dudweiler Landstr. 99, 66123 Saarbrücken, Deutschland
Telefon +49 681 37 20 271-1, Telefax +49 681 37 20 271-0
Email: info@svh-verlag.de

Zugl.: D 82 (Diss. RWTH Aachen University, 2011)

Herstellung in Deutschland:
Schaltungsdienst Lange o.H.G., Berlin
Books on Demand GmbH, Norderstedt
Reha GmbH, Saarbrücken
Amazon Distribution GmbH, Leipzig
ISBN: 978-3-8381-2905-1

Imprint (only for USA, GB)
Bibliographic information published by the Deutsche Nationalbibliothek: The Deutsche Nationalbibliothek lists this publication in the Deutsche Nationalbibliografie; detailed bibliographic data are available in the Internet at http://dnb.d-nb.de.

Cover image: www.ingimage.com

Publisher: Südwestdeutscher Verlag für Hochschulschriften GmbH & Co. KG
Dudweiler Landstr. 99, 66123 Saarbrücken, Germany
Phone +49 681 37 20 271-1, Fax +49 681 37 20 271-0
Email: info@svh-verlag.de

Printed in the U.S.A.
Printed in the U.K. by (see last page)
ISBN: 978-3-8381-2905-1

Vorwort

Diese Arbeit entstand während meiner Tätigkeit als wissenschaftlicher Angestellter am Institut für Allgemeine Mechanik der Rheinisch-Westfälischen Technischen Hochschule Aachen.
An dieser Stelle möchte ich Herrn Univ.-Prof. Dr.-Ing. Dieter Weichert meinen Dank für die Betreuung dieser Arbeit und vor allem für die mir gegebene Freiheit während der Bearbeitung aussprechen. Desweiteren möchte ich Frau Univ.-Prof. Dr.-Ing. Stefanie Reese für die freundliche Übernahme des zweiten Berichts sowie Herrn Univ.-Prof. Dr.-Ing. Dr.-Ing. E.h. Dr. h.c. Dr. h.c. Fritz Klocke für die Übernahme des Vorsitzes danken.
Mein besonderer Dank gilt meinen Kollegen und Weggefährten Malte Strampe, Sven Lentzen und Heiko Bossong, ohne die ich das Ziel der Promotion nicht hätte erreichen können.
Außerdem gebührt mein spezieller Dank meinen Eltern, meiner Schwester Marijke sowie Dijana, für die stetige und selbstlose Unterstützung.

Inhaltsverzeichnis

Nomenklatur

Im Rahmen dieser Arbeit werden Vektoren mit kleinen Buchstaben im Fettdruck gekennzeichnet, Tensoren zweiter Stufe mit Großbuchstaben im Fettdruck.

Mathematische Funktionen

$(.)'$	Ableitung von (.) nach x
$(.)^{\cdot}$	Ableitung von (.) nach der Zeit t
$(.)_{i,j}$	partielle Ableitung nach x_j der i-ten Komponente von (.)
$\|\|(.)\|\|$	euklidische Norm des Vektors bzw. Tensors (.)
$(.)^{-1}$	Inverse des Tensors (.)
$(.)^T$	Transponierte des Tensors (.)
$\det(.)$	Determinante der Koeffizientenmatrix des Tensors (.)
$\mathrm{tr}(.)$	Spur der Koeffizientenmatrix des Tensors (.)
$\mathrm{lin}(.)$	linearisierter Wert der Größe (.)
$\hat{(.)}$	deviatorischer Anteil der Größe (.)
$(.)_{I,II,III}$	Kennzeichnung von Hauptwerten bzw. Hauptrichtungen
$(.)^{I,II,III}$	Invarianten des Tensors (.)
$ext\ (.)$	Randbereich der Menge (.)
$cl\ (.)$	Abschluss der Menge (.)
$int\ (.)$	innerer Bereich der Menge (.)
$\lim\ (.)$	Grenzwert der Funktion (.)
$\min\ (.)$	Minimum der Funktion (.)
$\max\ (.)$	Maximum der Funktion (.)
$\inf\ (.)$	Infimum der Funktion (.)
$\sup\ (.)$	Supremum der Funktion (.)
(a, b)	offenes Intervall, ausschließlich a und ausschließlich b
$(a, b]$	halboffenes Intervall, ausschließlich a und einschließlich b
$[a, b)$	halboffenes Intervall, einschließlich a und ausschließlich b
$[a, b]$	geschlossenes Intervall, einschließlich a und einschließlich b
$\boldsymbol{ab}$	dyadisches Produkt der Vektoren oder Tensoren $\boldsymbol{a}$ und $\boldsymbol{b}$
$\boldsymbol{a} \times \boldsymbol{b}$	Vektorprodukt der Vektoren $\boldsymbol{a}$ und $\boldsymbol{b}$ (Kreuzprodukt)
$\boldsymbol{a} \cdot \boldsymbol{b}$	verjüngendes Produkt der Vektoren oder Tensoren $\boldsymbol{a}$ und $\boldsymbol{b}$
$\boldsymbol{A} \cdot\cdot \boldsymbol{B}$	doppelt-verjüngendes Produkt der Tensoren $\boldsymbol{A}$ und $\boldsymbol{B}$

Mathematische Operatoren

δ	Variation
δ_{ij}	KRONECKER-Symbol
$\boldsymbol{\nabla}$	materieller Differentiationsoperator
$\boldsymbol{\nabla}_x$	materieller Differentiationsoperator allein in $\boldsymbol{x}$
$\boldsymbol{\nabla}^2$	HESSE-Matrix
Δ	LAPLACE-Operator

Kennzeichnung der Konfiguration

${}_0(.)$	Größe (.) in der Bezugskonfiguration BKF
${}_t(.)$	Größe (.) in der Momentankonfiguration MKF

Skalare Größen

α	Einspielfaktor
α_{AP}	Sicherheitsfaktor gegen Versagen infolge alternierender Plastizität
α_D	Dämpfungsfaktor der dualen Variablen
α_P	Dämpfungsfaktor der primalen Variablen
α_{pl}	plastischer Formbeiwert
β	ARMIJO-Faktor
γ_ν	Faktor der Update-Regel des Strafparameters
$\bar{\varepsilon}^{pl}$	äquivalente plastische Dehnung
ε_m	mittlere Dehnung
ε_p	Volumendilatation
κ	Faktor der Aktivierungsbedingung bei selektivem Algorithmus
λ_L	1. LAMÉ-Koeffizient
$d\lambda$	plastischer Multiplikator
μ	Schrankenparameter der Innere Punkte Methode
μ_ℓ	Lastfaktoren
μ_ℓ^+, μ_ℓ^-	Maximal - bzw. Minimalwert des Lastfaktors μ_ℓ
μ_L	2. LAMÉ-Koeffizient
ν	Querkontraktionszahl
ν_Φ	Strafparameter der Gütefunktion
ρ	Dichte
σ_H	Begrenzungsspannung der Verfestigung im einachsigen Fall
σ_Y	Fließpannung im einachsigen Fall
$\psi_{0,1,2}$	Materialfunktionen der REINER'schen Stoffgleichung
χ	Konfiguration
Φ	Gütefunktion
Φ_c	Zusatzterme der Zielfunktion bei Innerer Punkte Methode
Ω	Lastraum
a_{kin}	Materialparameter der kinematischen Verfestigung (ZIEGLER)
c_{kin}	Materialparameter der kinematischen Verfestigung (PRAGER)

$f(\boldsymbol{\sigma})$	Fließfunktion
$f(\boldsymbol{x})$	Zielfunktion des Optimierungsproblems
g	plastisches Potential
h_{pl}	Verfestigungsmodul
$\bar{h}_{pl}$	Verfestigungsfaktor
n	Anzahl der Variablen des Optimierungsproblems
m	Masse
m_E	Anzahl der Gleichungsrestriktionen des Optimierungsproblems
m_I	Anzahl der Unleichungsrestriktionen des Optimierungsproblems
p	hydrostatischer Druck
q_n	innere Materialparameter
t	Zeit

A	Fläche
A_f	Oberflächenanteil mit eingeprägten Lasten
A_u	Oberflächenanteil mit eingeprägten Verschiebungen
C^1	Menge aller mindestens einmal stetig differenzierbaren Funktionen
C^2	Menge aller mindestens zweimal stetig differenzierbaren Funktionen
D	Menge aller zulässigen Richtungen $\boldsymbol{d}$
$\bar{D}$	Abschluss von D
D_L	linarisierte zulässige Menge
E	Elastizitätsmodul
F	Vergleichsspannung
G	Schubmodul
I	Menge der aktiven Indizes der Ungleichungsrestriktionen
$I_{1,2,3}$	Invarianten des Spannungstensors $\boldsymbol{\sigma}$
$J_{1,2,3}$	Invarianten des Spannungsdeviators $\hat{\boldsymbol{\sigma}}$
K	Kompressionsmodul
NBC	Anzahl der kinematischen Randbedingungen
NC	Anzahl der Lastecken
NE	Anzahl der Elemente des Systems
NG	Anzahl der GAUSS-Punkte des Systems
NGE	Anzahl der GAUSS-Punkte des Elements
NK	Anzahl der Knoten des Systems
NKE	Anzahl der Knoten des Elements
NL	Anzahl der Lasten
V	Volumen
W_G	Gestaltänderungsenergie
W_{pl}	plastische Formänderungsenergie, plastische Dissipationsarbeit
$\dot{W}_{pl}$	plastische Dissipationsleistung
Y	kritischer Wert der Vergleichsspannung

Vektorielle Größen

$\boldsymbol{\mu}$	Vektor der Lastfaktoren μ_ℓ
$\boldsymbol{\nu}_r^j$	die Spannungen repräsentierende Variablen bei Verfestigung

$\boldsymbol{\lambda}$	LAGRANGE-Multiplikatoren
$\boldsymbol{\lambda}_E$	LAGRANGE-Multiplikatoren für Gleichungsrestriktionen
$\boldsymbol{\lambda}_I$	LAGRANGE-Multiplikatoren für Ungleichungsrestriktionen
$\boldsymbol{\sigma}_n$	Spannungsvektor auf dem Flächenelement in der MKF
$\boldsymbol{\xi}$	natürliche, lokale Koordinaten
$\boldsymbol{\Pi}$	Vektor aller Variablen des Optimierungsproblems
$\boldsymbol{a}$	Vektor der Gleichungsrestriktionen
$\boldsymbol{b}$	inhomogener Anteil bei affin linearen Gleichungsrestriktionen
$\boldsymbol{c}_H$	Vektor der Ungleichungsrestriktionen der Begrenzungsfläche
$\boldsymbol{c}_I$	Vektor der Ungleichungsrestriktionen ohne Verfestigung
$\boldsymbol{c}_Y$	Vektor der Ungleichungsrestriktionen der Fließfläche
$\boldsymbol{d}$	zulässige Richtung
$\boldsymbol{d}_{1,2,3}$	rechte Seite des KKT-Systems
$\boldsymbol{f}$	stellvertretend für alle Kräfte
$\boldsymbol{f}_A$	auf die Fläche bezogene Oberflächenkräfte
$\boldsymbol{f}_V$	auf das Volumen bezogene Volumenkräfte (Volumenkraftdichte)
$\boldsymbol{n}$	Normaleneinheitsvektor von Flächen
$\boldsymbol{r}$	Stabilisierungsvariablen
$\boldsymbol{s}$	LAGRANGE-Multiplikatoren für Gleichungsrestriktionen mit Schlupfvariablen
$\boldsymbol{t}_1$	Spannungsvektor in der BKF
$\boldsymbol{u}$	Verschiebungsvektor
$\boldsymbol{u}_r^j, \boldsymbol{v}$	die Spannungen repräsentierende Variablen des Optimierungsproblems
$\boldsymbol{w}$	m-dimensionaler Vektor von Schlupfvariablen
$\boldsymbol{x}$	Ortsvektor bei Feldbeschreibung
$\boldsymbol{x}$	Lösungsvektor des Optimierungspoblems
$\boldsymbol{y}, \boldsymbol{z}$	n-dimensionale Vektoren von Schlupfvariablen

Tensorielle Größen

ε	geometrisch linearisierter (GREEN'scher) Verzerrungstensor
$\hat{\varepsilon}$	deviatorischer Anteil des geometrisch linearisierten Verzerrungstensors
ε^e	elastischer Anteil des geometrisch linearisierten Verzerrungstensors
ε^E	geometrisch linearisierter Verzerrungstensor des elastischen Referenzkörpers
ε^{pl}	plastischer Anteil des geometrisch linearisierten Verzerrungstensors
ε^T	Temperaturanteil des geometrisch linearisierten Verzerrungstensors
π	Bauschingerspannung
ρ	Eigenspannungszustand
$\bar{\rho}$	zeitunabhängiger Eigenspannungszustand
σ	EULER-CAUCHY'scher Spannungstensor
$\hat{\sigma}$	deviatorischer Anteil des Spannungstensors
σ°	sicherer Spannungszustand
σ^E	Spannungszustand des elastischen Referenzkörpers
υ	reduzierte Spannung

$\boldsymbol{A}$	Koeffizientenmatrix bei affin linearen Gleichungsrestriktionen
$\boldsymbol{B}$	linker CAUCHY'scher Verzerrungstensor
$\boldsymbol{C}$	rechter CAUCHY'scher Verzerrungstensor
$\boldsymbol{C}_H$	Gradient der Ungleichungsrestrikitionen der Begrenzungsfläche
$\boldsymbol{C}_I$	Gradient der Ungleichungsrestrikitionen ohne Verfestigung
$\boldsymbol{C}_Y$	Gradient der Ungleichungsrestrikitionen der Fließfläche
$\boldsymbol{D}$	Platzhalter für Verzerrungstensoren
$\boldsymbol{F}$	Konfigurationsgradient
$\boldsymbol{F}_\mu$	Funktion der KKT-Bedingung
$\boldsymbol{G}$	rechter GREEN'scher Verzerrungstensor
$\boldsymbol{H}$	Verschiebungsgradient
$\boldsymbol{I}$	Identitätstensor
$\boldsymbol{J}$	JACOBI-Matrix von $\boldsymbol{F}_\mu$
$\boldsymbol{P}$	Permutationsmatrix
$\boldsymbol{Q}_I$	HESSE-Matrix der LAGRANGE-Funktion ohne Verfestigung
$\boldsymbol{Q}_{YH}$	HESSE-Matrix der LAGRANGE-Funktion bei Verfestigung
$\boldsymbol{R}_d$	duale Regularisierungsmatrix
$\boldsymbol{R}_p$	primale Regularisierungsmatrix
$\boldsymbol{S}$	Platzhalter für Spannungstensoren
$\boldsymbol{T}_1$	1. PIOLA-KIRCHHOFF'scher Spannungstensor
$\boldsymbol{T}_2$	2. PIOLA-KIRCHHOFF'scher Spannungstensor

Sonstige Größen

$\mathcal{C}$	konvexer, elastischer Bereich im Spannungsraum
$\mathcal{C}^i$	striktes Innere von $\mathcal{C}$
$\mathcal{H}$	Belastunggeschichte
$\mathcal{K}$	betrachteter Körper
$\mathcal{L}$	LAGRANGE-Funktion
$\mathcal{P}$	Optimierungsproblem
$\mathcal{U}$	Menge aller Kombinationsmöglichkeiten der Lastfälle

$\mathbb{C}_r$	Gleichgewichtsmatrizen
$\mathbb{C}^e$	elastischer Nachgiebigkeitstensor vierter Stufe
$\mathbb{C}^{ep}$	elastisch-plastischer Nachgiebigkeitstensor vierter Stufe
$\mathbb{E}^e$	elastischer Steifigkeitstensor vierter Stufe
$\mathbb{E}^{ep}$	elastisch-plastischer Steifigkeitstensor vierter Stufe
$\mathbb{S}$	Spannungsraum
$\mathbb{X}$	zulässiger Bereich bei ausschließlich Gleichungsrestrktionen
$\mathbb{X}_{opt}$	Menge der optimalen Lösungen des Optimierungsproblems

1 Einleitung

1.1 Zielsetzung der Arbeit

Eine Hauptaufgabe des konstruktiven Ingenieurs ist die Gestaltung und Dimensionierung mechanischer Komponenten. In vielen Fällen ist dafür die genaue Berechnung des Beanspruchungs- und Verformungsverhaltens der Struktur nicht erforderlich, sondern die Bestimmung der Grenzlast ist notwendig, bei der das System gerade noch nicht versagt. Bei Betrachtung von praxisrelevanten Problemstellungen ist dabei die Erfassung von plastischem Materialverhalten unerlässlich.
Wenn die Belastung zeitlich veränderlich ist, ist Versagen nicht nur durch den spontanen Kollaps möglich. Auch ein unbegrenztes Anwachsen der sich einstellenden plastischen Verzerrungen kann dazu führen, dass die Gebrauchstauglichkeit der Struktur nicht mehr gegeben ist. Darüber hinaus kann das Strukturversagen dadurch hervorgerufen werden, dass alternierende Plastizität zu lokaler Ermüdung und schließlich zum Bruch führt. Wenn keiner der genannten Versagensmechanismen eintritt, sondern sich das System nach anfänglich plastischem Verhalten durch die Ausbildung von Eigenspannungen stabilisiert und sich im Folgenden rein elastisch verhält, spricht man vom *Einspielen* der Struktur.
Ziel der Einspieluntersuchung ist die Bestimmung der zugehörigen Einspiellast, die bei Anwendung der konventionellen *step-by-step* Methode in der Regel mit hohem Rechenaufwand verbunden ist. Ein weiterer Nachteil dieser Methode besteht darin, dass die gesamte Belastungsgeschichte deterministisch gegeben sein muss, was in vielen Problemen des Ingenieurwesens unrealistisch ist. Dieser Nachteil kann durch die Anwendung *Direkter Methoden* behoben werden, [68, 83, 136, 137]. Hier ist die genaue Kenntnis der Belastungsgeschichte nicht erforderlich, sondern nur ihrer umschließenden Hülle, [56].
Das Fundament der direkten Methoden bilden das statische und das kinematische Einspieltheorem, die im Sinne der konvexen Analyse zueinander dual sind, [30]. Aufbauend auf Einspieluntersuchungen an statisch unbestimmten Systemen, [18, 45, 75], formulierte MELAN 1938 das statische Einspieltheorem für elastisch- ideal plastische und unbegrenzt verfestigende Kontinua, [76, 77]. Das in Spannungsgrößen ausgedrückte Theorem von MELAN liefert eine untere Schranke der Einspiellast und ermöglicht deshalb das Auslegen zur sicheren Seite hin. Hingegen liefert das in Weggrößen formulierte kinematische Einspieltheorem eine obere Schranke für die Einspiellast. Die Formulierung des kinematischen Theorems geht auf KOITER zurück, [55]. In dieser Arbeit wird ausschließlich das statische Einspieltheorem verwendet.
Die Anwendung von MELAN's Theorem führt auf ein konvexes, nichtlineares Optimierungsproblem, das sich in der Regel bei Ingenieurstrukturen durch eine besonders große Anzahl von Unbekannten und Nebenbedingungen auszeichnet. Zur Lösung solcher Optimierungsprobleme existieren heutzutage leistungsstarke mathematische und numerische Verfahren, von denen in dieser Arbeit die Innere Punkte Methode verwendet wird, [32, 35, 99, 140]. Basierend auf der Innere Punkte Methode sind Programme zur Lösung nichtlinearer Op-

timierungsprobleme entwickelt worden, von denen besonders IPOPT [129, 130], KNITRO [19, 132] und LOQO [42, 122] verbreitet sind. Diese sind darauf ausgelegt, eine möglichst breite Palette von Problemen lösen zu können. Deshalb sind sie sehr mächtig, aber verglichen mit auf das jeweilige Problem zugeschnittenen Lösern oftmals wenig effizient. In den letzten Jahren hat außerdem das Programm MOSEK [9, 10] im Bereich der Direkten Methoden an Bedeutung gewonnen, [60, 69, 93, 118], das speziell für *Second Order Conic Problems* SOCP entwickelt wurde.
Da sich nicht alle Probleme als SOCP formulieren lassen, wurden alternative Innere Punkte Algorithmen präsentiert, die durch maßgeschneiderte Lösungsstrategien gekennzeichnet sind, [58, 66, 89–91, 93]. Zu diesen unabhängigen Innere Punkte Algorithmen gehört auch IPDCA (*Interior Point- Difference of Convex functions Algorithm*), [1, 2, 47–50]. Dieses Programm ist speziell für Einspieluntersuchungen von Strukturen aus elastisch- ideal plastischen Materialien des VON MISES-Typs entwickelt worden, die der Wirkung von einer oder zwei veränderlichen Lasten unterworfen sind. Aufgrund dieser Spezialisierung zeichnet es sich durch eine problemorientierte Lösungsstrategie aus, die die Anwendung auf große Ingenieurstrukturen erlaubt. Darüber hinaus ermöglicht IPDCA die Lösung von Optimierungsproblemen mit nicht-konvexen Zielfunktionen durch die sogenannte DC-Zerlegung der Zielfunktion in die Differenz zweier konvexer Funktionen, [6–8].
Ziel dieser Arbeit ist die Entwicklung des neuen Algorithmus IPSA für Einspieluntersuchungen von Strukturen aus VON MISES-Materialien mit Berücksichtigung der begrenzten kinematischen Verfestigung. Es handelt sich um ein eigenständiges Programm, das auf der Innere Punkte Methode basiert und das eine ähnliche Grundstruktur wie IPDCA aufweist, weshalb es sich zur Anwendung auf große Ingenieurstrukturen eignet. IPSA erlaubt darüber hinaus die Lösung von Problemen mit einer beliebigen, endlichen Anzahl von veränderlichen Lasten.

1.2 Gliederung der Arbeit

In **Kapitel 2** werden die kontinuumsmechanischen Grundlagen zusammen gefasst, die für die späteren Herleitungen erforderlich sind. Schwerpunktmäßig werden konstitutive Gleichungen für elastisch- ideal plastisches und für verfestigendes Materialverhalten untersucht.
Im Fokus von **Kapitel 3** steht die Formulierung des Optimierungsproblems, das aus der Anwendung des statischen Einspieltheorems resultiert. Zunächst werden die verschiedenen Materialantworten auf zeitlich veränderliche Lasten und das Phänomen des Einspielens beschrieben. Dann wird unter Verwendung des VON MISES Fließkriteriums und der Finite Elemente Methode das statische Einspieltheorem für diskrete Systeme mit elastisch- ideal plastischem Materialverhalten angegeben. Darauf basierend wird erstmals eine Formulierung des Optimierungsproblems für beliebig viele Lasten abgeleitet.
Kapitel 4 ist der Lösung von nichtlinearen Optimierungsproblemen gewidmet. Dafür werden Optimierungsbedingungen zunächst für den allgemeinen und dann für den speziellen Fall von konvexen, regulären Problemen untersucht. Abschließend wird das Innere Punkte Verfahren vorgestellt.
Die Anwendung dieses Verfahrens auf das Einspielproblem wird in **Kapitel 5** beschrieben. Hier werden sowohl die mathematische Vorgehensweise des neu entwickelten Algorithmus als auch Modifikationsmöglichkeiten präsentiert.
Eine Erörterung der die Implementierung betreffenden Aspekte findet sich in **Kapitel 6**.

Dort werden Details zum Eingabeformat, zu Abbruchkriterien und zu Update-Regeln gegeben, die sowohl für die Effizienz des Lösers als auch für stabiles Konvergenzverhalten erforderlich sind. Darüber hinaus wird eine neue Methode zum Auffinden von geeigneten Startpunkten entwickelt.
Die Validierung des Algorithmus für elastisch- ideal plastisches Materialverhalten erfolgt in **Kapitel 7**. Es werden drei Systeme unter thermomechanischer Belastung untersucht. Die Ergebnisse werden, wo vorhanden, mit Resultaten der Literatur verglichen. Die Genauigkeit und Effizienz von IPSA werden außerdem anhand von Vergleichsrechnungen mit den Programmen LANCELOT, IPOPT und IPDCA verdeutlicht.
Anschließend wird in **Kapitel 8** ein selektiver Algorithmus entwickelt, mit dessen Hilfe das jeweils betrachtete System drastisch reduziert werden kann. Die vorgeschlagene Methode sowie einzelne Aspekte der numerischen Umsetzung werden beschrieben. Die Anwendung auf ein Beispiel verdeutlicht das Potential dieses Verfahrens.
In **Kapitel 9** wird der Algorithmus auf Probleme mit mehrdimensionalen Lasträumen angewendet. Zuerst wird die technische Umsetzung und Implementierung der Methode beschrieben, gefolgt von der Berechnung eines Systems mit drei voneinander unabhängig variierenden Lasten.
Den Abschluss bildet die Erweiterung zur Berücksichtigung von begrenzter kinematischer Verfestigung in **Kapitel 10**. Basierend auf einem Zwei-Flächen-Modell wird das statische Einspieltheorem reformuliert. Es wird die vollständige mathematische Lösung des erweiterten Problems mit der Innere Punkte Methode hergeleitet. Die Validierung erfolgt dann anhand von vier thermomechanischen Beispielen aus dem Bereich des Anlagen- und Apparatebaus und dem Vergleich mit Ergebnissen aus der Literatur.

2 Kontinuumsmechanische Grundlagen

In diesem Kapitel werden die notwendigen kontinuumsmechanischen Grundlagen kurz zusammen gefasst. Für eine detailliertere Darstellung wird auf [106] verwiesen.
Das allgemeine Spannungsproblem gilt genau dann als gelöst, wenn bei vorgegebener Belastung, Geometrie und Materialeigenschaften die jeweils neun Komponenten des Spannungstensors $\boldsymbol{S}(\boldsymbol{x}, t)$ und des Verzerrungstensors $\boldsymbol{D}(\boldsymbol{x}, t)$ sowie die drei Komponenten des Verschiebungsvektors $\boldsymbol{u}(\boldsymbol{x}, t)$ in jedem Punkt $\boldsymbol{x}$ des betrachteten Kontinuums zu jeder Zeit t bestimmt sind. Dafür müssen 21 skalare Bestimmungsgleichungen zur Verfügung gestellt werden, die den Zusammenhang zwischen $\boldsymbol{S}(\boldsymbol{x}, t), \boldsymbol{D}(\boldsymbol{x}, t)$ und $\boldsymbol{u}(\boldsymbol{x}, t)$ herstellen, Abb. 2.1.

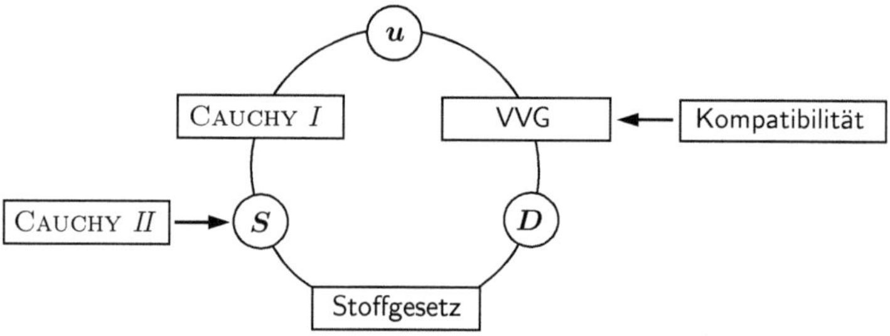

Abbildung 2.1: Zusammenhang der Grundgrößen des allgemeinen Spannungsproblems

Da es sich bei Verschiebungen und Verzerrungen um rein geometrische Größen handelt, lassen sich die Verschiebungs-Verzerrungs-Gleichungen (VVG) allein aus kinematischen Beziehungen ableiten. Die Beziehungen zwischen Verschiebungen und Spannungen werden durch die zwei Axiome der Mechanik in Feldgleichungsform (CAUCHY I,II) angegeben. Die Beziehungen zwischen den Spannungen und Verzerrungen werden durch konstitutive Gleichungen (Stoffgesetze) beschrieben.

2.1 Kinematik

Betrachtet wird ein deformierbarer Körper, dessen Geometrie zu einem festgelegten Zeitpunkt t_0 durch die Ortsvektoren ${}_0\boldsymbol{x}$ jedes einzelnen materiellen Punktes gegeben ist. Der Körper befinde sich zu diesem Zeitpunkt in der Bezugskonfiguration (BKF) $\chi({}_0\boldsymbol{x}, t_0)$, wobei unter dem Begriff Konfiguration eine stetige, umkehrbar eindeutige Abbildung aller Teilchen ${}_0\boldsymbol{x}$ eines Körpers in Punkte des Raums verstanden wird. Dann wird die Geometrie des gegenüber der BKF deformierten Körpers in der Momentankonfiguration (MKF) $\chi({}_0\boldsymbol{x}, t)$ zum Zeitpunkt t durch die auf die selbe Basis bezogenen Ortsvektoren ${}_t\boldsymbol{x}({}_0\boldsymbol{x}, t)$

beschrieben. Die Bewegung jedes einzelnen materiellen Punktes wird durch seine Verschiebung $\boldsymbol{u}({}_0\boldsymbol{x}, t)$ und der Wechsel von der Konfiguration $\chi({}_0\boldsymbol{x}, t_0)$ in die Konfiguration $\chi({}_0\boldsymbol{x}, t)$ durch die Abbildung $\boldsymbol{F}({}_0\boldsymbol{x}, t)$ festgelegt, Abb. 2.2.

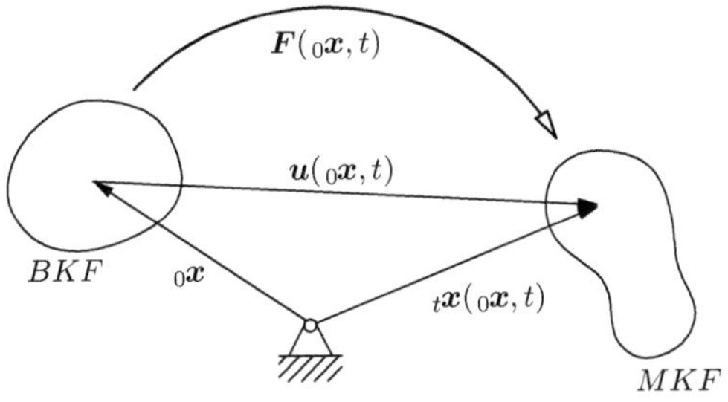

Abbildung 2.2: Bezugs- und Momentankonfiguration

Die Ortsvektoren der verschiedenen Konfigurationen sind über den Verschiebungsvektor mit einander verknüpft.

$$ {}_t\boldsymbol{x} = {}_0\boldsymbol{x} + \boldsymbol{u} \tag{2.1} $$

Es wird der Differentiationsoperator $\boldsymbol{\nabla}$ eingeführt, der sich auf die materielle Darstellung nach LAGRANGE bezieht, wenn nicht anders angegeben.

$$ \boldsymbol{\nabla} := {}_0\boldsymbol{\nabla} = \frac{\partial}{\partial {}_0\boldsymbol{x}} \tag{2.2} $$

Dann lassen sich der Konfigurationsgradient $\boldsymbol{F}({}_0\boldsymbol{x}, t)$ und der Verschiebungsgradient $\boldsymbol{H}({}_0\boldsymbol{x}, t)$ wie folgt definieren.

$$ \boldsymbol{F} := {}_t\boldsymbol{x}\boldsymbol{\nabla} = \frac{\partial {}_t\boldsymbol{x}}{\partial {}_0\boldsymbol{x}} \tag{2.3} $$

$$ \boldsymbol{H} := \boldsymbol{u}\boldsymbol{\nabla} = \frac{\partial \boldsymbol{u}}{\partial {}_0\boldsymbol{x}} \tag{2.4} $$

Mit diesen Definitionen kann man die materielle Ableitung der Gleichung (2.1) wie folgt schreiben. Dabei ist $\boldsymbol{I}$ der Einheitstensor mit den Komponenten δ_{ij} des KRONECKER-Symbols.

$$ \boldsymbol{F} = \boldsymbol{I} + \boldsymbol{H} \tag{2.5} $$

Damit enthält $\boldsymbol{F}$ zwar nicht mehr die Translation, allerdings noch die Rotation des Starrkörpers. Diese wird dadurch eliminiert, dass $\boldsymbol{F}$ mit seiner eigenen Transponierten $\boldsymbol{F}^T$ überschoben wird. Der so eingeführte Tensor wird rechter ($\boldsymbol{C}$) bzw linker ($\boldsymbol{B}$) CAUCHY'scher Verzerrungstensor genannt. Die Überschiebung führt auch dazu, dass sowohl $\boldsymbol{B}$ als auch $\boldsymbol{C}$ symmetrisch sind.

$$ \boldsymbol{C} := \boldsymbol{F}^T \cdot \boldsymbol{F} = \boldsymbol{C}^T \tag{2.6} $$

$$ \boldsymbol{B} := \boldsymbol{F} \cdot \boldsymbol{F}^T = \boldsymbol{B}^T \tag{2.7} $$

Es wird nun noch ein Verzerrungstensor eingeführt, der bei reiner Starrkörperbewegung den Wert $\mathbf{0}$ hat, im Gegensatz zu $\boldsymbol{C}$ und $\boldsymbol{B}$, die bei einer reinen Starrkörperbewegung $\boldsymbol{I}$ sind. Dieser Tensor $\boldsymbol{G}$ wird als (rechter) GREEN'scher Verzerrungstensor bezeichnet.

$$\boldsymbol{G} := \frac{1}{2}\left(\boldsymbol{C} - \boldsymbol{I}\right) \tag{2.8}$$

Der geometrisch linearisierte GREEN'sche Verzerrungstensor $\boldsymbol{\varepsilon}$ berechnet sich dann nach Gleichung (2.9). Die Linearisierung erfolgt durch die Vernachlässigung der von höherer Ordnung kleinen Terme in den Verschiebungsableitungen. Große Verschiebungen werden zugelassen, solange die einzelnen Komponenten von $\boldsymbol{H}$ dabei vergleichsweise klein bleiben.

$$\boldsymbol{\varepsilon} := \operatorname{lin}\boldsymbol{G} = \frac{1}{2}(\operatorname{lin}\boldsymbol{C} - \boldsymbol{I}) = \frac{1}{2}(\boldsymbol{H} + \boldsymbol{H}^T) \tag{2.9}$$

Damit kann die **Verschiebungs-Verzerrungs-Gleichung** für den geometrisch linearisierten Fall wie folgt angegeben werden.

$$\boldsymbol{\varepsilon} = \frac{1}{2}(\boldsymbol{u}\boldsymbol{\nabla} + \boldsymbol{\nabla}\boldsymbol{u}) \tag{2.10}$$

Gleichung (2.10) lässt sich einfach auswerten, wenn bei gegebenen Verschiebungen die Verzerrungen gesucht sind. Allerdings ist die Umkehrung dieser Gleichung nicht eindeutig, da hier integriert werden muss. Deshalb müssen zusätzlich Kompatibilitätsbedingungen formuliert werden, die gewährleisten müssen, dass die einzeln verzerrten Teilchen auch nach der Deformation noch kompatibel sind, dass also weder Löcher noch Überschneidungen innerhalb der Struktur auftreten.

$$\int_A \boldsymbol{\nabla} \times \boldsymbol{\varepsilon} \times \boldsymbol{\nabla} dA = \mathbf{0} \tag{2.11}$$

Diese Tensorgleichung kann durch das folgende System von skalaren Gleichungen ausgewertet werden.

$$\varepsilon_{ij,kl} - \varepsilon_{il,kj} - \varepsilon_{kj,il} + \varepsilon_{kl,ij} = 0 \tag{2.12}$$

$$\text{dabei ist z.B.:} \qquad \varepsilon_{ij,kl} = \frac{\partial \varepsilon_{ij}}{\partial x_k \partial x_l}$$

Unter Berücksichtigung der Symmetrie beinhaltet dieses System sechs nicht-triviale Bedingungen.

$$\varepsilon_{ii,kk} - \varepsilon_{ik,ki} - \varepsilon_{ki,ik} + \varepsilon_{kk,ii} = 0 \quad \text{wobei} \quad i \neq k \tag{2.13a}$$

$$\varepsilon_{ij,kk} - \varepsilon_{ik,kj} - \varepsilon_{kj,ik} + \varepsilon_{kk,ij} = 0 \quad \text{wobei} \quad i \neq j \neq k \tag{2.13b}$$

2.2 Spannungen

Betrachtet wird ein Körper im euklidischen Raum, der auf Teilen seiner Oberfläche A_f durch Oberflächenlasten $\boldsymbol{f}_A$ sowie in seinem Innern durch Volumenkräfte $\boldsymbol{f}_V$ belastet wird. Aus dieser Belastung resultieren in jedem infinitesimalen Volumenelement des Körpers Spannungen, die in der MKF mit dem EULER-CAUCHY'schen Spannungstensor $\boldsymbol{\sigma}$ und in der BKF mit dem *1.* PIOLA-KIRCHHOFF'schen Spannungstensor $\boldsymbol{T}_1$ beschrieben werden.

Dann lässt sich der Kraftbeitrag auf jedem Flächenelement in der BKF mit $\boldsymbol{T}_1$ und in der MKF mit $\boldsymbol{\sigma}$ bestimmen.

$$d_0\boldsymbol{f} = \boldsymbol{T}_1 \cdot d_0\boldsymbol{A} \tag{2.14}$$

$$d_t\boldsymbol{f} = \boldsymbol{\sigma} \cdot d_t\boldsymbol{A} \tag{2.15}$$

Man kann diese Spannungstensoren ineinander überführen, wenn man berücksichtigt, dass der Kraftbeitrag unabhängig von der Konfiguration sein muss, und indem man die gerichteten Flächenelemente durch den Konfigurationsgradienten ausdrückt.

$$\boldsymbol{T}_1 = (\det \boldsymbol{F})\, \boldsymbol{\sigma} \cdot \boldsymbol{F}^{-T} \tag{2.16}$$

Mit dem Tensor $\boldsymbol{T}_1$ lässt sich nur schlecht umgehen, da er nicht symmetrisch ist. Es wird häufig der symmetrische *2.* PIOLA- KIRCHHOFF'sche Spannungstensor eingeführt.

$$\boldsymbol{T}_2 := \boldsymbol{F}^{-1} \cdot \boldsymbol{T}_1 = (\det \boldsymbol{F})\, \boldsymbol{F}^{-1} \cdot \boldsymbol{\sigma} \cdot \boldsymbol{F}^{-T} \tag{2.17}$$

Bezieht man sich bei der Geometrie auf die BKF, so ist nur die Verwendung der PIOLA-KIRCHHOFF'schen Tensoren konsistent. Im Rahmen der geometrisch linearisierten Rechnung kann mit hinreichender Genauigkeit trotzdem $\boldsymbol{\sigma}$ anstelle von $\boldsymbol{T}_2$ verwendet werden (der entsprechende Nachweis findet sich beispielsweise in [141]).

$$\text{Geometrisch linearisiert:} \qquad \boldsymbol{\sigma} \approx \boldsymbol{T}_2 \tag{2.18}$$

Deshalb wird im Folgenden der Tensor $\boldsymbol{\sigma}$ sowohl in der MKF als auch in der BKF gebraucht. Dann kann für die weitere geometrisch linearisierte Betrachtung auch auf die Indizierung für die jeweilige Konfiguration verzichtet werden.
Es werden axiomatisch die CAUCHY'schen Gleichungen eingeführt, die den Zusammenhang zwischen Spannungen und Verschiebungen angeben.

$$\text{CAUCHY } I: \qquad \boldsymbol{\nabla} \cdot \boldsymbol{\sigma} + \boldsymbol{f}_V = \rho \ddot{\boldsymbol{u}} \tag{2.19}$$

$$\text{CAUCHY } II: \qquad \boldsymbol{\sigma} = \boldsymbol{\sigma}^T \tag{2.20}$$

Diese Gleichungen entsprechen dem Drehimpulssatz und dem Impulssatz in Feldgleichungsform. Die Gleichung (2.20) ist außerdem auch als BOLTZMANN-Axiom bekannt.

2.3 Konstitutive Gleichungen

Im Rahmen dieser Arbeit wird isotropes, homogenes und nicht alterndes Materialverhalten betrachtet, solange nicht anders genannt. Das bedeutet für das Materialgesetz, dass weder der Ort $\boldsymbol{x}$ noch die Zeit t explizit eingehen und dass es richtungsunabhängig formuliert sein muss.

2.3.1 Elastizität

Wird eine Struktur belastet und verformt sich infolge dieser Belastung elastisch, gehen diese Verformungen bei Entlastung wieder derart zurück, dass der Körper nach vollständigem Abbau der Last wieder den ursprünglichen Zustand erreicht.

Ein allgemeiner Ansatz für elastische Stoffgesetze wird mit folgender Gleichung beschrieben. Dabei sind G^I, G^{II}, G^{III} die Invarianten des GREEN'schen Verzerrungstensors $\boldsymbol{G}$.

$$\boldsymbol{S}(\boldsymbol{x},t) = \sum_{i=0}^{\infty} f_i(G^I, G^{II}, G^{III})\, \boldsymbol{G}^i \tag{2.21}$$

Mit dem Satz von CAYLEY- HAMILTON (siehe A.3) können alle Potenzen $\boldsymbol{G}^n$ mit $n > 2$ durch die drei Tensoren $\boldsymbol{I}$, $\boldsymbol{G}$ und $\boldsymbol{G}^2$ ausgedrückt werden.

$$\boldsymbol{S}(\boldsymbol{x},t) = \psi_0(G^I, G^{II}, G^{III})\, \boldsymbol{I} + \psi_1(G^I, G^{II}, G^{III})\, \boldsymbol{G} + \psi_2(G^I, G^{II}, G^{III})\, \boldsymbol{G}^2 \tag{2.22}$$

Diese Gleichung wird als REINER'sche Stoffgleichung bezeichnet, die für endlich große elastische Verzerrungen exakt gültig ist. Dabei sind ψ_0, ψ_1 und ψ_2 belastungsabhängige Materialfunktionen. Durch geometrische Linearisierung wird $\boldsymbol{G}^2$ vernachlässigt, und (2.22) kann durch $\boldsymbol{\sigma}$ und $\boldsymbol{\varepsilon}$ ausgedrückt werden. Wird darüber hinaus physikalisch linearisiert, ergibt sich das folgende lineare Materialgesetz nach LAMÉ mit den LAMÉ-Koeffizienten λ_L und μ_L.

$$\boldsymbol{\sigma}(\boldsymbol{x},t) = \lambda_L (\operatorname{tr} \boldsymbol{\varepsilon})\, \boldsymbol{I} + 2\mu_L\, \boldsymbol{\varepsilon} \tag{2.23}$$

Dieses linearisierte Materialgesetzes wird üblicherweise in der nachstehenden Form gebraucht, die als HOOKE'sches Gesetz bezeichnet wird. Dabei heißen die Materialkonstanten G Schubmodul und ν Querkontraktionszahl. Eine weitere Materialkonstante ist der Elastizitätsmodul E, der nach (2.26) durch G und ν ausgedrückt werden kann.

$$\boldsymbol{\sigma} = 2G\left[\boldsymbol{\varepsilon} + \frac{\nu}{1-2\nu}(\operatorname{tr}\boldsymbol{\varepsilon})\,\boldsymbol{I}\right] \tag{2.24}$$

$$\boldsymbol{\varepsilon} = \frac{1}{2G}\left[\boldsymbol{\sigma} - \frac{\nu}{1+\nu}(\operatorname{tr}\boldsymbol{\sigma})\,\boldsymbol{I}\right] \tag{2.25}$$

$$E = 2G\,(1+\nu) \tag{2.26}$$

Das HOOKE'sche Gesetz lässt sich auch folgendermaßen schreiben.

$$\boldsymbol{\varepsilon} = \mathbb{C}^e \cdot\cdot \boldsymbol{\sigma} \tag{2.27}$$

$$\boldsymbol{\sigma} = \mathbb{E}^e \cdot\cdot \boldsymbol{\varepsilon} \tag{2.28}$$

Dabei sind die elastische Nachgiebigkeit $\mathbb{C}^e$ und die elastische Steifigkeit $\mathbb{E}^e$ Tensoren vierter Stufe mit den folgenden Komponenten.

$$C^e_{ijkl} = \frac{1}{4G}\left[-\frac{2\nu}{1+\nu}\delta_{ij}\delta_{kl} + \delta_{ik}\delta_{jl} + \delta_{il}\delta_{jk}\right] \tag{2.29}$$

$$E^e_{ijkl} = G\left[\frac{2\nu}{1-2\nu}\delta_{ij}\delta_{kl} + \delta_{ik}\delta_{jl} + \delta_{il}\delta_{jk}\right] \tag{2.30}$$

2.3.2 Ideale Plastizität

Unter idealer Plastizität versteht man folgendes Materialverhalten: Mit Beginn der Belastung wird ein elastischer Zusammenhang zwischen den auftretenden Spannungen und den daraus resultierenden Verzerrungen angenommen, der in dieser Arbeit als linear angenommen wird und durch das HOOKE'sche Gesetz (2.25) beschrieben werden kann. Zur

Plastifizierung, also zur Entstehung von irreversiblen Verzerrungen, kommt es, wenn die Belastung einen materialspezifischen Wert erreicht, die Fließspannung σ_Y. Nach dem Erreichen von σ_Y beginnt das Material zu „Fließen", d.h. das Material ist nicht in der Lage, weitere Belastung aufzunehmen. Vielmehr stellen sich plastische Verformungen auch ohne weitere Laststeigerung ein. Bei Entlastung reagiert das Material wieder elastisch, bis die reversiblen Dehnungsanteile vollkommen neutralisiert sind und nur noch die rein plastischen Anteile verbleiben. Dieses Verhalten ist am Beispiel einer einachsigen Belastung in Abb. 2.3 dargestellt.

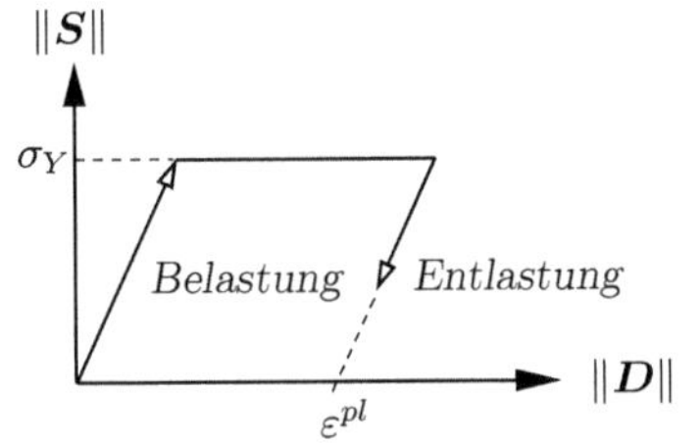

Abbildung 2.3: Ideal-plastisches Materialverhalten im einachsigen Fall

Grundlage der Plastizitätstheorie für kleine Verzerrungen ist die additive Zerlegung der Verzerrungen $\boldsymbol{\varepsilon}$ in einen elastischen $\boldsymbol{\varepsilon}^e$ und einen plastischen Anteil $\boldsymbol{\varepsilon}^{pl}$.

$$\boldsymbol{\varepsilon} = \boldsymbol{\varepsilon}^e + \boldsymbol{\varepsilon}^{pl} \tag{2.31}$$

Im einachsigen Fall ist der Fließbeginn durch das Erreichen der Fließspannung σ_Y eindeutig definiert. Bei mehrachsiger Belastung ist die Grenze durch die Fließbedingung definiert, die in eindeutiger Weise den Übergang zwischen elastischem und plastischem Verhalten festlegt. Diese Bedingung wird mithilfe einer Fließfunktion $f(\boldsymbol{\sigma}, q_n)$ angegeben, die der vom aktuellen Spannungszustand $\boldsymbol{\sigma}$ abhängigen Vergleichsspannung $F(\boldsymbol{\sigma}, q_n)$ einen kritischen Wert $Y(q_n)$ gegenüber stellt.

$$f(\boldsymbol{\sigma}, q_n) = F(\boldsymbol{\sigma}, q_n) - Y(q_n) = 0 \tag{2.32}$$

Die n inneren Variablen q_n sind experimentell zu bestimmende Materialparameter, die für ideal-plastische Materialien unabhängig von der Belastungsgeschichte sind. Bei Isotropie sind die q_n skalarwertig, da die Materialeigenschaften dann nicht richtungsabhängig sind. Unter der Voraussetzung, dass die Isotropie-Eigenschaften im gesamten Verformungsverlauf beibehalten werden, lässt sich außerdem die Abhängigkeit von den Spannungskomponenten σ_{ij} auch als Abhängigkeit von den isotropen Invarianten I_1, J_2 und J_3 (siehe Definitionen (A.10) und (A.11)) des Spannungstensors $\boldsymbol{\sigma}$ auffassen.

$$f(I_1, J_2, J_3, q_n) = F(I_1, J_2, J_3, q_n) - Y(q_n) = 0 \tag{2.33}$$

Die Funktion $F(I_1, J_2, J_3, q_n)$ kann als Abbildungsvorschrift aufgefasst werden, die jeden Spannungszustand σ_{ij} mit den Invarianten I_1, J_2, J_3 in den Hauptspannungsraum abbildet. Da $Y(q_n)$ allein von den q_n abhängig ist und damit konstant in σ_{ij}, lässt sich dann die Fließbedingung $f = 0$ auch als eine spezielle Abbildung begreifen.

$$F(I_1, J_2, J_3, q_n) = \text{const } (\sigma_{ij}) \tag{2.34}$$

Diese Gleichung stellt im Hauptspannungsraum eine gekrümmte, zusammenhängende Hyperfläche dar, die den elastischen Bereich begrenzt, in dem alle Spannungszustände liegen, die rein elastische Verformungen hervorrufen, Abb. 2.4. Diese Fläche wird als Fließfläche bezeichnet. Da die Funktion $F(I_1, J_2, J_3, q_n)$ auch aus mehreren zusammengesetzten Funktionen in verschiedenen Gültigkeitsbereichen bestehen kann, kann auch die zu der Fließbedingung gehörende Fließfläche im Hauptspannungsraum aus mehreren Teilflächen bestehen.

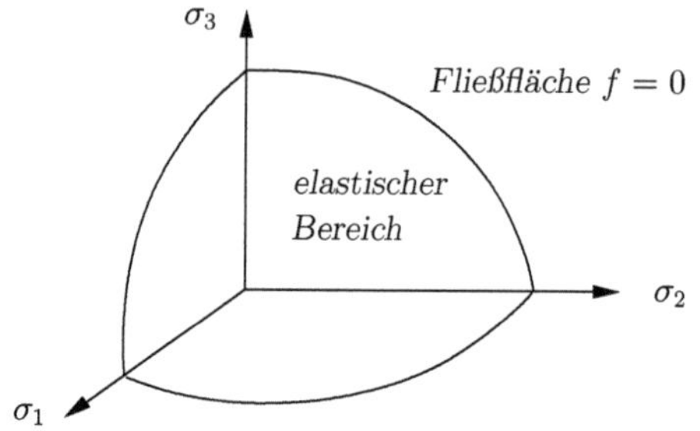

Abbildung 2.4: Fließfläche im Hauptspannungsraum

Da bei isotropen Materialien die Fließbedingung richtungsunabhängig sein muss, also die Vertauschbarkeit der Achsen $\sigma_I, \sigma_{II}, \sigma_{III}$ gegeben sein muss, sind alle möglichen Fließflächen symmetrisch bezüglich aller drei Achsen. Kann darüber hinaus für das betrachtete Material von Zug- Druck- Gleichheit im einachsigen Fall $f(\sigma_i) = f(-\sigma_i)$ ausgegangen werden, existieren sogar sechs Symmetrieachsen im Hauptspannungsraum.
Anhand der Fließfunktion $f(I_1, J_2, J_3, q_n)$ lassen sich folgende drei Fälle unterscheiden:

1. $f < 0$ Spannungszustand liegt im elastischen Bereich
2. $f = 0$ Spannungszustand liegt im plastischen Bereich, auf der Fließfläche
3. $f > 0$ Spannungszustand liegt im unzulässigen Bereich

Damit sicher gestellt ist, dass ein Spannungspunkt $\boldsymbol{\sigma}$ auf der Fließfläche auch bei einem Zuwachs um das Spannungsinkrement $d\boldsymbol{\sigma}$ noch zulässig ist, muss ausgeschlossen werden, dass das Spannungsinkrement aus der Fließfläche heraus gerichtet ist, Abb. 2.5.
Dieser Zusammenhang wird durch die Konsistenzbedingung beschrieben:

$$\begin{aligned} &\text{Belastung:} \quad && f(\boldsymbol{\sigma}, q_n) = 0, \quad && df = \frac{\partial f(\boldsymbol{\sigma}, q_n)}{\partial \boldsymbol{\sigma}} \cdot\cdot\, d\boldsymbol{\sigma} = 0 \\ &\text{Entlastung:} \quad && f(\boldsymbol{\sigma}, q_n) = 0, \quad && df = \frac{\partial f(\boldsymbol{\sigma}, q_n)}{\partial \boldsymbol{\sigma}} \cdot\cdot\, d\boldsymbol{\sigma} < 0 \end{aligned} \tag{2.35}$$

Die Richtung des zugehörigen plastischen Verzerrungsinkrementes $d\boldsymbol{\varepsilon}^{pl}$ wird durch die Fließregel festgelegt.

$$d\boldsymbol{\varepsilon}^{pl} = d\lambda \frac{\partial g(\boldsymbol{\sigma}, q_n)}{\partial \boldsymbol{\sigma}} \tag{2.36}$$

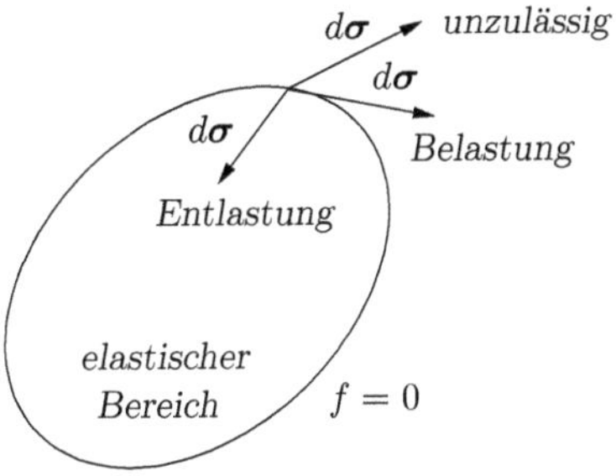

Abbildung 2.5: Spannungsinkremente im Hauptspannungsraum bei idealer Plastizität

Die Funkion $g(\boldsymbol{\sigma}, q_n)$ heißt plastisches Potenzial und ist separat zu definieren. Für den Spezialfall $f = g$ spricht man von einer assoziierten Fließregel, ansonsten von einer nicht-assoziierten. Der plastische Multiplikator $d\lambda$ ist ein nicht-negativer Skalar:

$$d\lambda \begin{cases} = 0 & \text{falls} \quad f \neq 0 \text{ oder } (f = 0 \text{ und } df < 0) \\ > 0 & \text{falls} \quad f = 0 \text{ und } df = 0 \end{cases} \tag{2.37}$$

Abschließend lässt sich das folgende Materialgesetz in inkrementeller Form angeben. Für eine detaillierte Herleitung wird auf [106] verwiesen.

$$d\boldsymbol{\sigma} = d\boldsymbol{\sigma}(\boldsymbol{\sigma}, d\boldsymbol{\varepsilon}) = \underbrace{\left[\mathbb{E}^e - \frac{\mathbb{E}^e \cdot\cdot \dfrac{\partial f(\boldsymbol{\sigma}, q_n)}{\partial \boldsymbol{\sigma}} \dfrac{\partial g(\boldsymbol{\sigma}, q_n)}{\partial \boldsymbol{\sigma}} \cdot\cdot \mathbb{E}^e}{\dfrac{\partial f(\boldsymbol{\sigma}, q_n)}{\partial \boldsymbol{\sigma}} \cdot\cdot \mathbb{E}^e \cdot\cdot \dfrac{\partial g(\boldsymbol{\sigma}, q_n)}{\partial \boldsymbol{\sigma}}} \right]}_{\mathbb{E}^{ep}} \cdot\cdot d\boldsymbol{\varepsilon} \tag{2.38}$$

Mithilfe dieser Gleichung kann jeder deterministisch vorgegebene Belastungspfad nachgerechnet werden, indem er in eine endliche Anzahl von hinreichend kleinen Lastschritten aufgeteilt wird. Für jeden einzelnen Lastschritt ist dann eine Analyse der Spannungen und Verzerrungen erforderlich.

2.3.3 Verfestigende Plastizität

Bei vielen Materialien treten Verfestigungseffekte auf, sodass sich die Fließgrenze des Materials in Abhängigkeit von der Belastungsgeschichte ändert. Man unterscheidet dabei die beiden Phänomene *Verfestigung* und *Entfestigung*, die in Abb. 2.6 für den einachsigen Fall veranschaulicht werden. Die Entfestigung wird hier nur der Vollständigkeit wegen angegeben, in dieser Arbeit wird nur das verfestigende Materialverhalten betrachtet.
Die über die Fließbedingung definierte Grenze zwischen elastischem und plastischem Bereich kann dann nicht mehr als konstant angesehen werden. Die Fließbedingung wird deshalb derart erweitert, dass die Vergleichsspannung F und deren kritischer Wert Y von der plastischen Verformung abhängen.

$$f(\boldsymbol{\sigma}, \boldsymbol{\varepsilon}^{pl}, q_n) = F(\boldsymbol{\sigma}, \boldsymbol{\varepsilon}^{pl}, q_n) - Y(\boldsymbol{\varepsilon}^{pl}, q_n) = 0 \tag{2.39}$$

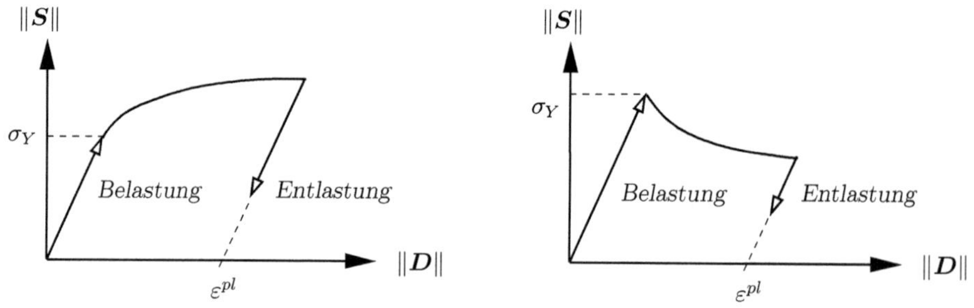

(a) Verfestigende Plastizität (b) Entfestigende Plastizität

Abbildung 2.6: Verfestigung und Entfestigung im einachsigen Fall

Die Fließfläche im Hauptspannungsraum ist im Allgemeinen in Form, Größe und Position veränderlich. In dieser Arbeit wird allerdings davon ausgegangen, dass sich die Form der Fließfläche nicht verändert.

Während die Fließregel wie im ideal-plastischen Fall angewendet werden kann, macht die Veränderlichkeit der Fließfläche eine Neuformulierung der Konsistenzbedingung (2.35) erforderlich.

$$
\begin{aligned}
&\text{Belastung:} && f(\boldsymbol{\sigma}, \varepsilon^{pl}, q_n) = 0, \quad \bar{\partial} f = \frac{\partial f}{\partial \boldsymbol{\sigma}} \cdot\cdot\, d\boldsymbol{\sigma} > 0 \rightarrow d\varepsilon^{pl} \neq 0 \\
&\text{Neutrale Belastung:} && f(\boldsymbol{\sigma}, \varepsilon^{pl}, q_n) = 0, \quad \bar{\partial} f = \frac{\partial f}{\partial \boldsymbol{\sigma}} \cdot\cdot\, d\boldsymbol{\sigma} = 0 \rightarrow d\varepsilon^{pl} = 0 \qquad (2.40) \\
&\text{Entlastung:} && f(\boldsymbol{\sigma}, \varepsilon^{pl}, q_n) = 0, \quad \bar{\partial} f = \frac{\partial f}{\partial \boldsymbol{\sigma}} \cdot\cdot\, d\boldsymbol{\sigma} < 0 \rightarrow d\varepsilon^{pl} = 0
\end{aligned}
$$

Bei Belastung ist die Fließfläche veränderlich, während sie bei Entlastung und neutraler Belastung unverändert bleibt, Abb. 2.7.

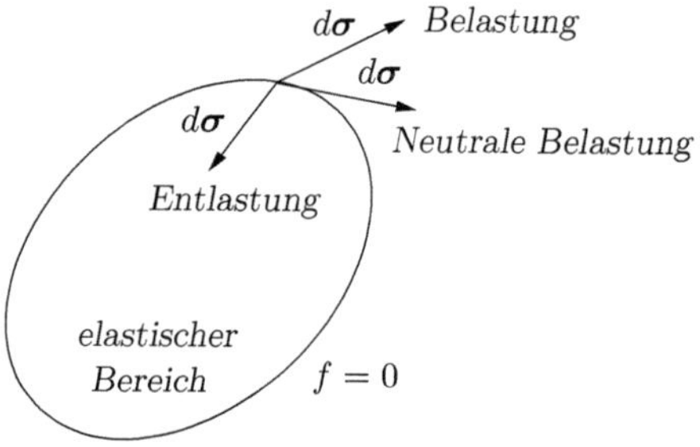

Abbildung 2.7: Spannungsinkremente im Hauptspannungsraum bei verfestigender Plastizität

Die Spannungs-Verzerrungs-Beziehung in inkrementeller Form kann dann wie folgt angegeben werden.

$$d\boldsymbol{\sigma} = \underbrace{\left[\mathbb{E}^e - \frac{\mathbb{E}^e \cdot\cdot \dfrac{\partial f}{\partial \boldsymbol{\sigma}} \dfrac{\partial g}{\partial \boldsymbol{\sigma}} \cdot\cdot \mathbb{E}^e}{\dfrac{\partial f}{\partial \boldsymbol{\sigma}} \cdot\cdot \mathbb{E}^e \cdot\cdot \dfrac{\partial g}{\partial \boldsymbol{\sigma}} + \dfrac{\partial f}{\partial \boldsymbol{\varepsilon}^{pl}} \cdot\cdot \dfrac{\partial g}{\partial \boldsymbol{\sigma}} + \dfrac{\partial f}{\partial q_n} \dfrac{\partial q_n}{\partial \bar{\varepsilon}^{pl}} \bar{h}_{pl}}\right]}_{\mathbb{E}^{ep}} \cdot\cdot\, d\boldsymbol{\varepsilon} \tag{2.41}$$

Dabei bezeichnet $\bar{h}_{pl}$ den von $\boldsymbol{\varepsilon}^{pl}$ abhängigen Verfestigungsfaktor, der nach folgender Gleichung angegeben werden kann.

$$\bar{h}_{pl} = c_{kin} \sqrt{\frac{\partial g}{\partial \boldsymbol{\sigma}} \cdot\cdot \frac{\partial g}{\partial \boldsymbol{\sigma}}} \tag{2.42}$$

Bei verfestigendem Materialverhalten sind die inneren Variablen q_n im Allgemeinen abhängig von der äquivalenten plastischen Verzerrung $\bar{\varepsilon}^{pl}$.

$$\bar{\varepsilon}^{pl} = \int d\bar{\varepsilon}^{pl} \qquad \text{wobei:} \qquad d\bar{\varepsilon}^{pl} = c_{kin} \sqrt{d\boldsymbol{\varepsilon}^{pl} \cdot\cdot d\boldsymbol{\varepsilon}^{pl}} \tag{2.43}$$

Die Art der Verfestigung wird durch die Verfestigungsregel angegeben. Man unterscheidet dabei isotrope Verfestigung, bei der die Fließfläche bei gleichbleibender Position nur ihre Größe ändert, und kinematische Verfestigung, bei der die Fließfläche bei gleichbleibender Größe nur ihre Position ändert. Unter gemischter Verfestigung versteht man eine Kombination aus isotroper und kinematischer Verfestigung.

Isotrope Verfestigung

Bei der isotropen Verfestigung bleibt die Form der Fließfläche unverändert, weshalb die Vergleichsspannung unabhängig von der Belastungsgeschichte ist. Erreicht die Vergleichsspannung in einem Punkt der Struktur im Verlauf der Belastung den kritischen Wert der Anfangsfließbedingung, führt eine weitere Belastung in diesem Punkt zur Expansion der Fließfläche, Abb. 2.8. Diese Expansion der Fließfläche zeigt sich in der Veränderlichkeit des kritischen Werts Y.

$$f(\boldsymbol{\sigma}, \boldsymbol{\varepsilon}^{pl}, q_n) = F(\boldsymbol{\sigma}, q_n) - Y(\boldsymbol{\varepsilon}^{pl}, q_n) = 0 \tag{2.44}$$

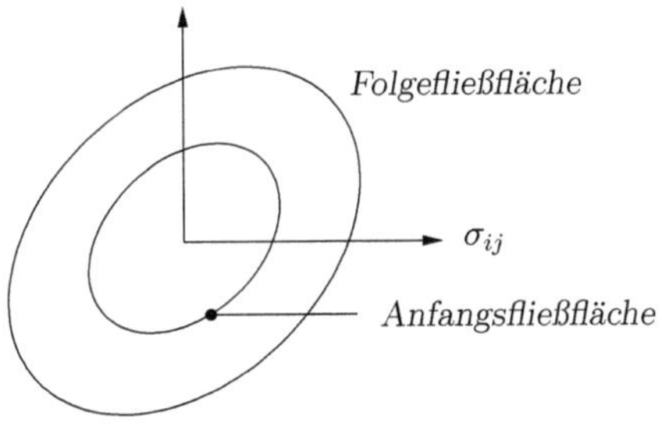

Abbildung 2.8: Schematische Darstellung der isotropen Verfestigung im Spannungsraum

Kinematische Verfestigung

Bei der kinematischen Verfestigung bleibt die Größe der Fließfläche unverändert, weshalb der kritische Wert Y der Vergleichsspannung unabhängig von der Belastungsgeschichte ist.

$$f(\boldsymbol{\sigma}, \boldsymbol{\varepsilon}^{pl}, q_n) = F(\boldsymbol{\sigma}, \boldsymbol{\varepsilon}^{pl}, q_n) - Y(q_n) = 0 \tag{2.45}$$

Erreicht die Vergleichsspannung in einem Punkt der Struktur im Verlauf der Belastung den kritischen Wert, führt eine weitere Belastung in diesem Punkt zu einer Starrkörperbewegung der Fließfläche im Spannungsraum, Abb. 2.9.

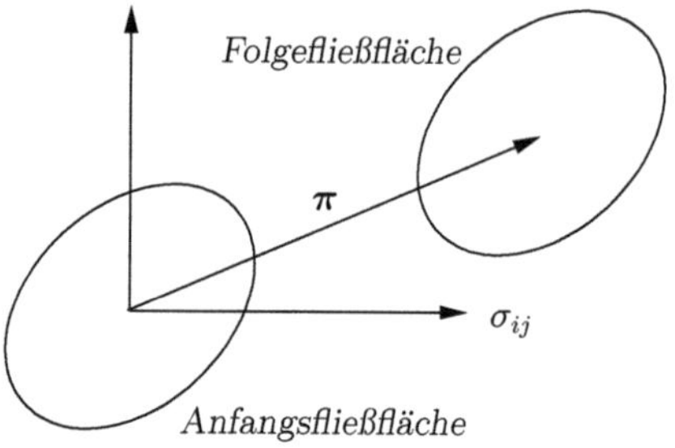

Abbildung 2.9: Schematische Darstellung der kinematischen Verfestigung im Spannungsraum

In dieser Arbeit wird ausschließlich die Translation der Fließfläche betrachtet, während eine ggf. mögliche Rotation unberücksichtigt bleibt. Diese Translation wird durch den sechsdimensionalen Vektor $\boldsymbol{\pi}$ der Bauschingerspannungen beschrieben. Diese Bezeichnung ist [11] entnommen, im Englische wird $\boldsymbol{\pi}$ als back stress bezeichnet.

$$f(\boldsymbol{\sigma}, \boldsymbol{\varepsilon}^{pl}, q_n) = F(\boldsymbol{\sigma} - \boldsymbol{\pi}(\boldsymbol{\varepsilon}^{pl}), q_n) - Y(q_n) = 0 \tag{2.46}$$

Von den verschiedenen Ansätzen für kinematische Verfestigungsregeln haben sich besonders die von PRAGER und ZIEGLER durchgesetzt.

$$\text{PRAGER:} \quad d\boldsymbol{\pi} = c_{kin}\, d\boldsymbol{\varepsilon}^{pl} \tag{2.47}$$

$$\text{ZIEGLER:} \quad d\boldsymbol{\pi} = c_{kin} \sqrt{d\boldsymbol{\varepsilon}^{pl} \cdot\cdot d\boldsymbol{\varepsilon}^{pl}}\, \left(\boldsymbol{\sigma} - \boldsymbol{\pi}(\boldsymbol{\varepsilon}^{pl})\right) \tag{2.48}$$

In beiden Fällen ist c_{kin} eine Materialkonstante.
Bei der Verfestigungsregel von PRAGER ist die Richtung der Verfestigung $d\boldsymbol{\pi}$ durch die Richtung des plastischen Verzerrungsinkrements $d\boldsymbol{\varepsilon}^{pl}$ gegeben. Berücksichtigt man außerdem (2.36), erkennt man, dass sich die Fließfläche in Richtung $\partial f/\partial \boldsymbol{\sigma}$ bzw. $\partial g/\partial \boldsymbol{\sigma}$ bewegt, je nachdem ob die assoziierte oder die nicht-assoziierte Fließregel verwendet wird. Bei der Verfestigungsregel von ZIEGLER ist die Richtung der Verfestigung $d\boldsymbol{\pi}$ durch die Richtung der reduzierten Spannung $(\boldsymbol{\sigma} - \boldsymbol{\pi})$ gegeben.

2.3.4 Drucker'sche Stabilitätspostulate

Betrachtet wird eine von einem zulässigen Anfangszustand $\bar{\boldsymbol{\sigma}}$ innerhalb der Fließfläche entlang eines beliebigen Belastungspfades ansteigende Belastung. Wird der Spannungszustand $\boldsymbol{\sigma}$ auf der Fließfläche erreicht, treten plastische Verformungen auf, durch die plastische Arbeit verrichtet bzw. als Energie im System gespeichert wird. Danach wird die

Belastung wieder bis auf die Anfangsspannung $\bar{\boldsymbol{\sigma}}$ reduziert. Während der Entlastung wird genau die im System gespeicherte Formänderungsenergie frei, die während der Belastung als elastische Arbeit verrichtet worden ist, da alle elastischen Veränderungen reversibel und vom Belastungsweg unabhängig sind. Dann muss die im System verbleibende plastische Energie positiv oder null sein.

$$dW_{pl} = (\boldsymbol{\sigma} - \bar{\boldsymbol{\sigma}}) \cdot\cdot\, d\boldsymbol{\varepsilon}^{pl} \geq 0 \tag{2.49}$$

Diese Bedingung für Stabilität ist zuerst von DRUCKER postuliert worden. Sie lässt sich so geometrisch deuten, dass der Winkel zwischen den sechsdimensionalen Vektoren des plastischen Verzerrungsinkrements $d\boldsymbol{\varepsilon}^{pl}$ und der Spannungsdifferenz $(\boldsymbol{\sigma} - \bar{\boldsymbol{\sigma}})$ spitz sein muss. Daraus läst sich direkt ableiten, dass $d\boldsymbol{\varepsilon}^{pl}$ normal zur Fließfläche gerichtet sein muss, da sich ansonsten immer Anfangspunkte $\bar{\boldsymbol{\sigma}}$ finden lassen, sodass (2.49) nicht erfüllt ist. Dieser Sachverhalt wird als Normalitätsregel bezeichnet. Wie aus (2.36) ersichtlich ist, erfüllt die assoziierte Fließregel die Normalitätsregel a priori, was für die nicht-assoziierte Fließregel im Allgemeinen nicht gilt.
Eine weitere Folgerung des Postulats ist die Konvexität der Fließfläche.

2.3.5 Fließbedingung nach von Mises

Im Rahmen dieser Arbeit findet die Fließbedingung nach VON MISES Anwendung, die auf der Hypothese beruht, dass allein die Gestaltänderungsenergie für den Fließbeginn ausschlaggebend ist. Im linear elastischen Fall ergibt sich die Gestaltänderungsenergie W_G wie folgt:

$$W_G = \frac{1}{2} \hat{\boldsymbol{\sigma}} \cdot\cdot \hat{\boldsymbol{\varepsilon}} \tag{2.50}$$

Dabei sind $\hat{\boldsymbol{\sigma}}$ und $\hat{\boldsymbol{\varepsilon}}$ der Spannungs- beziehungsweise Verzerrungsdeviator, (A.1). Durch Ansetzen des HOOKE'schen Gesetzes für die Distorsion kann W_G durch die zweite Invariante J_2 des Spannungsdeviators angegeben werden, (A.2).

$$W_G = \frac{1}{2} \hat{\boldsymbol{\sigma}} \cdot\cdot \frac{1}{2\,G} \hat{\boldsymbol{\sigma}} = \frac{1}{2\,G} J_2 \tag{2.51}$$

Im einachsigen Fall ist $J_2 = {}^1\!/_3\, \sigma^2$. Die Annahme, dass die Gestaltänderungsenergie für den Fließbeginn verantwortlich ist, führt deshalb auf die folgende Bedingung.

$$\frac{1}{2\,G} J_2 - \frac{1}{2\,G} \frac{1}{3} \sigma_Y^2 = 0 \tag{2.52}$$

Die VON MISES Fließbedingung lautet damit folgendermaßen.

$$f(\boldsymbol{\sigma}, \sigma_Y) = (\sigma_1 - \sigma_2)^2 + (\sigma_2 - \sigma_3)^2 + (\sigma_3 - \sigma_1)^2 + 6\left[(\tau_{12})^2 + (\tau_{23})^2 + (\tau_{31})^2\right] - 2\,\sigma_Y^2 = 0 \tag{2.53}$$

Mit dem Konzept der Vergleichsspannung F ist auch die folgende äquivalente Formulierung gängig. Die zugehörige Vergleichsspannung $F(J_2) = \sqrt{3\,J_2}$ wird als VON MISES-Vergleichsspannung bezeichnet.

$$f(J_2, \sigma_Y) = \sqrt{3\,J_2} - \sigma_Y = 0 \tag{2.54}$$

Quadriert man (2.54) und setzt für $J_2 = {}^1\!/_2(\hat{\sigma}_I^2 + \hat{\sigma}_{II}^2 + \hat{\sigma}_{III}^2)$ ein, dann erhält man im Hauptdeviatorspannungsraum $(\hat{\sigma}_I, \hat{\sigma}_{II}, \hat{\sigma}_{III})$ eine Kugelgleichung mit Radius $R = \sqrt{2/3}\,\sigma_Y$.

$$\hat{\sigma}_I^2 + \hat{\sigma}_{II}^2 + \hat{\sigma}_{III}^2 = \frac{2}{3}\sigma_Y^2 \tag{2.55}$$

Die Fließbedingung nach VON MISES ist ausschließlich abhängig von der Distorsion und unabhängig von der Dilatation. Deshalb ist sie unabhängig vom hydrostatischen Druck p. Dann muss im Hauptspannungsraum jede Schnittkurve der Fließfläche mit der Deviatorebene, die den deviatorischen Anteil der Spannung repräsentiert, einen Kreis beschreiben. Es ergibt sich daher eine kreiszylindrische Fließfläche um die hydrostatischen Achse, Abb. 2.10.

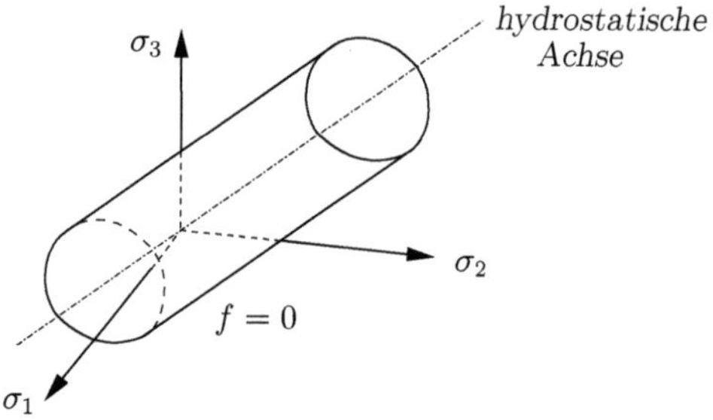

Abbildung 2.10: Fließfläche im Hauptspannungsraum nach VON MISES- Kriterium

3 Einspieluntersuchungen mechanischer Strukturen

Wie im vorhergehenden Kapitel gezeigt, ist bei plastischen Berechnungen keine eineindeutige Beziehung zwischen Spannungen $\boldsymbol{\sigma}$ und Verzerrungen $\boldsymbol{\varepsilon}$ vorhanden, weshalb die Gleichungen (2.38) und (2.41) nur in inkrementeller Form angegeben werden können. Die Materialantwort der Struktur in einem beliebigen Zustand der zeitlich veränderlichen Belastung kann nur unter Berücksichtigung der Belastungsgeschichte bestimmt werden.

Die Berücksichtigung der Belastungsgeschichte kann dadurch erfolgen, dass die Belastung entsprechend ihrem vorgegebenen zeitlichen Verlauf sukzessive in inkrementellen Lastschritten aufgebracht und in jedem einzelnen Lastschritt der Zuwachs an Spannungen $d\boldsymbol{\sigma}$ und Verzerrungen $d\boldsymbol{\varepsilon}$ berechnet wird, mit denen dann die absoluten Spannungen und Verzerrungen bestimmbar sind. Dieses Vorgehen wird als *step-by-step-Methode* bezeichnet. Diese Methode ist sehr rechenintensiv, weshalb sie in vielen praktischen Problemen nicht oder nur mit großen Schwierigkeiten angewendet werden kann. Ein weiterer Nachteil der step-by-step-Methode ist die Notwendigkeit des deterministisch vorgegebenen Belastungspfads, der bei realen Systemen oft nicht gegeben ist.

Oftmals ist die Bestimmung der Spannungen und Verzerrungen für den Konstruktions-Ingenieur nicht erforderlich, wenn es um die Frage der Standsicherheit geht. In diesen Fällen ist es ausreichend, den Grenzwert der Belastung zu bestimmen, bis zu dem das System gerade noch nicht versagt. Der zugehörige maximale Laststeigerungsfaktor kann dann auch mit Hilfe der *Direkten Methoden* ermittelt werden, die die Traglast- und Einspielanalyse umfassen. Da die Traglastanalyse als Spezialfall der Einspielanalyse betrachtet werden kann, wird im Folgenden nur das Einspielen untersucht. Für einen umfassenden Überblick im Bereich der Direkten Methoden wird auf [56, 68, 136, 137] verwiesen.

3.1 Phänomenologie des Einspielens

Betrachtet wird ein Körper $\mathcal{K}$, der der Wirkung von örtlich und zeitlich veränderlichen Lasten $\boldsymbol{f}(\boldsymbol{x},t)$ aus einem Lastraum Ω ausgesetzt ist. Die Belastung $\boldsymbol{f}(\boldsymbol{x},t)$ steht hierbei stellvertretend für Volumenlasten $\boldsymbol{f}_V(\boldsymbol{x},t)$ im gesamten Volumen V des Körpers, Flächenlasten $\boldsymbol{f}_A(\boldsymbol{x},t)$ auf dem Teil A_f der Oberfläche A des Körpers, Temperaturlasten $\vartheta(\boldsymbol{x},t)$ in V und eingeprägten Verschiebungen $\boldsymbol{u}(\boldsymbol{x},t)$ auf dem Teil A_u der Oberfläche. Auf der gesamten Oberfläche sollen entweder statische oder kinematische Randbedingungen gelten, $A = A_u \cup A_f$ und $A_u \cap A_f = \emptyset$.

Es sind dann im Rahmen der geometrisch linearisierten Theorie folgende fünf verschiedene Materialantworten möglich. Die Abbildungen veranschaulichen das jeweilige Materialverhalten am einachsigen Beispiel für zyklische Belastungen.

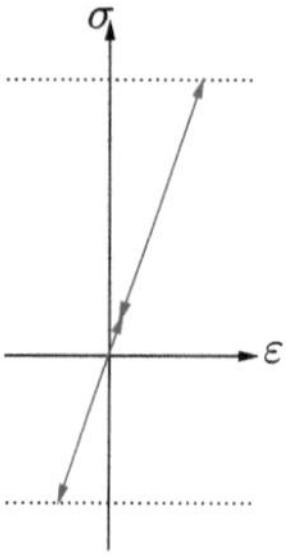

Abbildung 3.1: Elastizität

Elastizität
Bleiben die Belastungen ausreichend klein, so dass zu keinem Zeitpunkt des Belastungsprozesses die Fließbedingung erfüllt wird, verhält sich der gesamte Körper rein elastisch und es treten keine irreversiblen Verformungen auf. Dieser Zustand ist unkritisch.

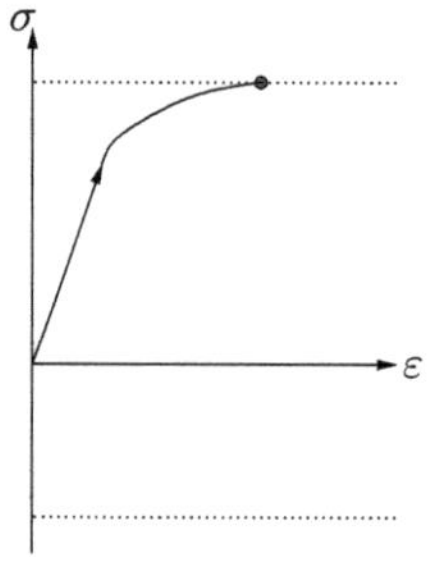

Abbildung 3.2: Spontaner Kollaps

Spontaner Kollaps
Wird die Belastung des Körpers monoton bis zu dessen Versagen gesteigert, spricht man von *spontanem Kollaps*. In dem belasteten System entstehen Bereiche, in denen theoretisch uneingeschränktes Fließen eintritt.

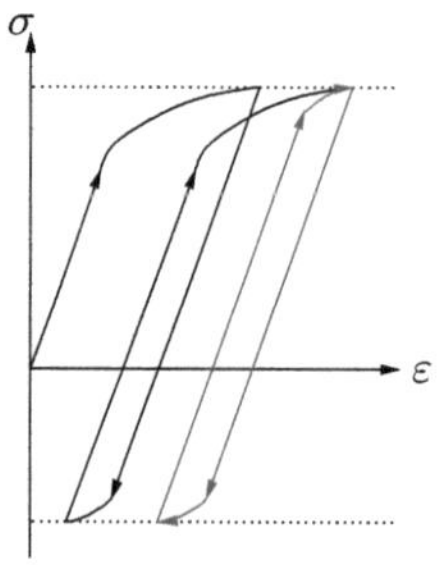

Abbildung 3.3: Alternierende Plastizität

Alternierende Plastizität
Verändert sich die Belastung derart, dass die plastischen Verzerrungsinkremente ständig ihr Vorzeichen wechseln, fließt der Körper unaufhörlich bei klein bleibenden akkumulierten Verzerrungen, was schließlich zu einem lokalen plastischen Ermüden führt. Man spricht dann von *alternierender Plastizität* oder *low cycle fatigue*. Die kritische Anzahl der Zyklen kann gegebenenfalls sehr klein sein.

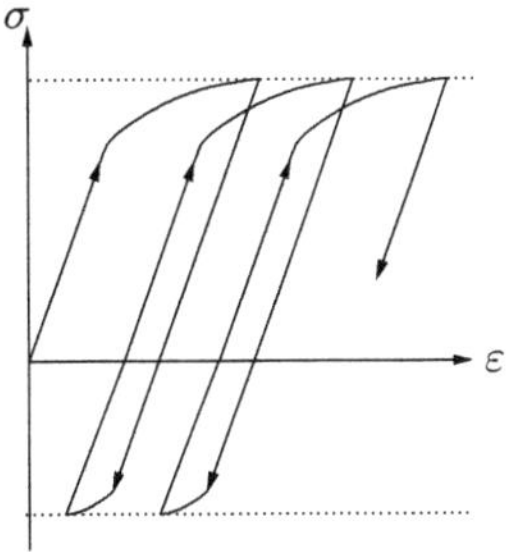

Inkrementeller Kollaps
Die akkumulierte plastische Dehnung wird in mindestens einem Punkt des Körpers so groß, dass der Körper infolge dieser großen Verformungen seine Funktionalität verliert oder durch Bruch versagt. Dieses Verhalten nennt man *inkrementellen Kollaps* oder *ratcheting.*

Abbildung 3.4: Inkrementeller Kollaps

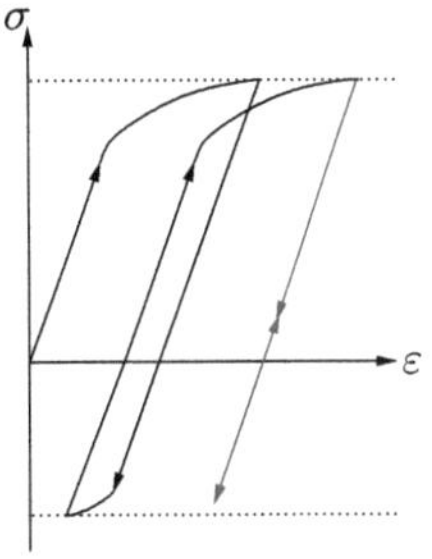

Einspielen
Nach anfänglichen plastischen Verformungen klingen die plastischen Dehnungsinkremente ab. Der Körper verhält sich dann rein elastisch, was als *Einspielen* oder *shakedown* bezeichnet wird.

Abbildung 3.5: Einspielen

3.2 Das statische Einspieltheorem

Der direkten Methode liegen zwei duale Einspieltheoreme zugrunde, das *statische Einspieltheorem* nach MELAN [75–77] und das *kinematische Theorem* nach KOITER [55]. In dieser Arbeit wird ausschließlich das MELAN'sche Theorem verwendet, das eine untere Schranke des Einspiel-Laststeigerungsfaktors liefert.
Es wird linear elastisch - ideal plastisches, zeitunabhängiges Materialverhalten vorausgesetzt. Außerdem bleiben die Einflüsse von Temperatur, geometrischen Nichtlinearitäten und von Materialschädigung unberücksichtigt. Die Normalitätsbedingung sei erfüllt. Es wird die Existenz konvexer Fließfunktionen $f[\boldsymbol{\sigma}(\boldsymbol{x},t), Y(\boldsymbol{x})]$ gefordert, deren Fließflächen im Spannungsraum $\mathbb{S}$ jeweils einen konvexen Bereich $\mathcal{C} \subseteq \mathbb{S}$ einschließen. Dann lässt sich das strikte Innere $\mathcal{C}^i$ als die Menge aller elastischen Spannungszustände interpretieren:

$$\mathcal{C}^i = \left\{ \boldsymbol{\sigma} \in \mathbb{S} \;\middle|\; f\left(\boldsymbol{\sigma}(\boldsymbol{x},t);\; Y(\boldsymbol{x})\right) < 0, \;\; \forall \boldsymbol{x} \in V, \;\; \forall t \right\} \tag{3.1}$$

Der tatsächlich wirkende Spannungszustand $\boldsymbol{\sigma}(\boldsymbol{x},t)$ wird in den elastischen Referenzspannungszustand $\boldsymbol{\sigma}^E(\boldsymbol{x},t)$ und den Eigenspannungszustand $\boldsymbol{\rho}(\boldsymbol{x},t)$ zerlegt. Dabei ist $\boldsymbol{\sigma}^E(\boldsymbol{x},t)$ der Spannungszustand, der zur Zeit t im Punkt $\boldsymbol{x}$ eines vollkommen elastischen Referenzkörpers $\mathcal{K}^E$ auftritt, der ansonsten genau den Bedingungen des tatsächlich betrachteten Körpers $\mathcal{K}$ unterliegt. Das Eigenspannungsfeld $\boldsymbol{\rho}(\boldsymbol{x},t)$ wird durch die sich einstellenden plastischen Verformungen hervorgerufen.

$$\boldsymbol{\sigma}(\boldsymbol{x},t) = \boldsymbol{\sigma}^E(\boldsymbol{x},t) + \boldsymbol{\rho}(\boldsymbol{x},t) \tag{3.2}$$

Diese Spannungen müssen den Gleichgewichtsbedingungen und den statischen Randbedingungen genügen:

$$\begin{array}{lcccc} \text{Gleichgewicht:} & \boldsymbol{\nabla}\cdot\boldsymbol{\sigma}^E = -\boldsymbol{f}_V & \text{und} & \boldsymbol{\nabla}\cdot\boldsymbol{\rho} = \boldsymbol{0} & \text{in } V \qquad (3.3a) \\ \text{statische RB:} & \boldsymbol{n}\cdot\boldsymbol{\sigma}^E = \boldsymbol{f}_A & \text{und} & \boldsymbol{n}\cdot\boldsymbol{\rho} = \boldsymbol{0} & \text{auf } A_f \qquad (3.3b) \end{array}$$

Nimmt man nun an, dass eine vorgegebene Struktur bereits eingespielt hat, dann ändert sich das Feld der plastischen Verzerrungen $\boldsymbol{\varepsilon}^{pl}(\boldsymbol{x},t)$ nicht mehr sondern nimmt einen konstanten Wert $\bar{\boldsymbol{\varepsilon}}^{pl}(\boldsymbol{x})$ an. Auch die Eigenspannungszustände müssen dann zeitlich unveränderlich sein, $\boldsymbol{\rho}(\boldsymbol{x},t) = \bar{\boldsymbol{\rho}}(\boldsymbol{x})$, auch wenn sich die Spannungen $\boldsymbol{\sigma}(\boldsymbol{x},t)$ und die elastischen Referenzspannungen $\boldsymbol{\sigma}^E(\boldsymbol{x},t)$ weiterhin mit der Belastung ändern können.
Dann lässt sich die folgende notwendige Bedingung für Einspielen angeben:
Damit eine Struktur unter der gegebenen, zeitlich veränderlichen Belastung einspielen kann, muss ein zeitunabhängiger Eigenspannungszustand $\bar{\boldsymbol{\rho}}(\boldsymbol{x})$ existieren, so dass in jedem Punkt des betrachteten Körpers $\mathcal{K}$ unter allen auftretenden Lastzuständen die Fließbedingung nicht verletzt ist.

$$f\left(\boldsymbol{\sigma}^E(\boldsymbol{x},t) + \bar{\boldsymbol{\rho}}(\boldsymbol{x}), Y(\boldsymbol{x})\right) \le 0, \quad \forall \boldsymbol{x} \in V, \quad \forall t \tag{3.4}$$

Melan konnte zeigen, dass diese Bedingung auch hinreichend ist. Für den Beweis wird der folgende positiv definit quadratische Ausdruck $W(t)$ betrachtet.

$$W(t) = \frac{1}{2}\int_V [\boldsymbol{\rho}(\boldsymbol{x},t) - \bar{\boldsymbol{\rho}}(\boldsymbol{x})]\cdot\cdot\,\mathbb{C}^e\cdot\cdot\,[\boldsymbol{\rho}(\boldsymbol{x},t) - \bar{\boldsymbol{\rho}}(\boldsymbol{x})]\; dV \ge 0 \tag{3.5}$$

Im Folgenden wird die zeitliche Ableitung $\dot{W}(t)$ dieses Ausdrucks untersucht. Da der elastische Nachgiebigkeitstensor $\mathbb{C}^e$ nach (2.29) symmetrisch ist, ergibt die Anwendung der Produktregel unter Berücksichtigung der Vertauschbarkeit der Integration über V und der Ableitung nach t zunächst den folgenden Ausdruck.

$$\dot{W}(t) = \int_V [\boldsymbol{\rho}(\boldsymbol{x},t) - \bar{\boldsymbol{\rho}}(\boldsymbol{x})]\cdot\cdot\,\mathbb{C}^e\cdot\cdot\,\dot{\boldsymbol{\rho}}(\boldsymbol{x},t)\; dV \tag{3.6}$$

Es werden die folgenden Zusammenhänge für die Spannungen und Verzerrungen eingesetzt.

$$\begin{aligned} \boldsymbol{\rho} &= \boldsymbol{\sigma} - \boldsymbol{\sigma}^E \\ \bar{\boldsymbol{\rho}} &= \boldsymbol{\sigma}^\circ - \boldsymbol{\sigma}^E \\ \mathbb{C}^e\cdot\cdot\,\dot{\boldsymbol{\rho}} &= \dot{\boldsymbol{\varepsilon}} - \dot{\boldsymbol{\varepsilon}}^E - \dot{\boldsymbol{\varepsilon}}^{pl} \end{aligned}$$

Dabei ist $\boldsymbol{\sigma}^\circ(\boldsymbol{x},t) \in \mathcal{C}^i$ ein statisch zulässiger Spannungszustand innerhalb von $\mathcal{C}^i$ nach Gleichung (3.1). Unter Berücksichtigung der Cauchy'schen Gleichungen (2.19) und (2.20) sowie der statischen und der kinematischen Randbedingungen lässt sich damit (3.6) in den folgenden Term überführen. Für eine schrittweise Herleitung wird auf [104] verwiesen.

$$\dot{W}(t) = -\int_V [\boldsymbol{\sigma}(\boldsymbol{x},t) - \boldsymbol{\sigma}^\circ(\boldsymbol{x},t)] \cdot\cdot\, \dot{\boldsymbol{\varepsilon}}^{pl}(\boldsymbol{x},t)\, dV \tag{3.7}$$

Setzt man nun noch die Gültigkeit der DRUCKER'schen Postulate (2.49) voraus, dann muss der Integrand in der obigen Gleichung immer positiv sein, weshalb $\dot{W}(t)$ stets negativ sein muss.

$$\dot{W}(t) = -\int_V \underbrace{[\boldsymbol{\sigma}(\boldsymbol{x},t) - \boldsymbol{\sigma}^\circ(\boldsymbol{x},t)] \cdot\cdot\, \dot{\boldsymbol{\varepsilon}}^{pl}(\boldsymbol{x},t)}_{\geq 0}\, dV \leq 0 \tag{3.8}$$

Das bedeutet aber, dass $W(t)$ eine monoton fallende Funktion ist, $W(0) \geq W(t)$, $\forall t > 0$. Berücksichtigt man nun noch, dass $W(t)$ nach Definition positiv sein muss, $W(t) \geq 0$, dann muss es einen positiven Grenzwert geben, gegen den die Funktion konvergiert.

$$\lim_{t\to\infty} W(t) = const \geq 0 \qquad \text{und} \qquad \lim_{t\to\infty} \dot{W}(t) = 0 \tag{3.9}$$

Ein möglicher Verlauf ist in Abb. 3.6 dargestellt.

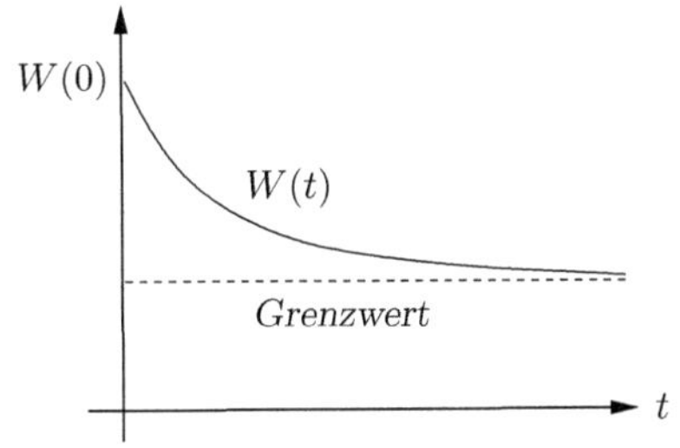

Abbildung 3.6: Möglicher Verlauf der Funktion $W(t)$

Die Funktion $\dot{W}(t)$ muss gegen den Wert null konvergieren. Damit aber das Integral in (3.7) für alle möglichen $(\boldsymbol{\sigma} - \boldsymbol{\sigma}^\circ)$ den Wert null annehmen kann, muss die plastische Dehnrate $\dot{\boldsymbol{\varepsilon}}^{pl}$ null sein. Ab einem gewissen Zeitpunkt dürfen sich also keine plastischen Dehnraten mehr einstellen, und die plastischen Verzerrungen bleiben beschränkt durch einen endlichen Wert.

$$\lim_{t\to\infty} \dot{\boldsymbol{\varepsilon}}^{pl} = \boldsymbol{0} \tag{3.10}$$

Dass die plastischen Verzerrungen gegen einen endlichen Wert konvergieren, reicht noch nicht aus, um das Einspielen zu gewährleisten. Es muss zusätzlich noch ausgeschlossen werden, dass während des Belastungsvorgangs für $t \to \infty$ die plastische Dissipationsarbeit $W_{pl}(t)$ unendlich groß wird. (Dies ist vergleichbar damit, dass zwar die Funktion $f(x) = {}^1/_x$ für $x \to \infty$ gegen den endlichen Wert null strebt, dass dabei aber dennoch die Fläche unter der Kurve unendlich groß ist.) Deshalb muss die plastische Dissipationsarbeit genauer untersucht werden.

Ausgangsgleichung ist das DRUCKER'sche Postulat nach (2.49), wobei der Laststeigerungsfaktor $\alpha > 1$ eingeführt wird.

$$(\boldsymbol{\sigma} - \alpha\,\boldsymbol{\sigma}^\circ) \cdot\cdot\, \dot{\boldsymbol{\varepsilon}}^{pl} \geq 0 \tag{3.11}$$

Umformen und Integration über V liefert die folgende Ungleichung.

$$\dot{W}_{pl}(t) = \int\limits_V \boldsymbol{\sigma} \cdot\cdot \dot{\boldsymbol{\varepsilon}}^{pl} \, dV \leq \frac{\alpha}{\alpha - 1} \int\limits_V (\boldsymbol{\sigma} - \boldsymbol{\sigma}^\circ) \cdot\cdot \dot{\boldsymbol{\varepsilon}}^{pl} \, dV \tag{3.12}$$

Unter Berücksichtigung von (3.7) ergibt sich der folgende Zusammenhang.

$$\dot{W}_{pl}(t) = \int\limits_V \boldsymbol{\sigma} \cdot\cdot \dot{\boldsymbol{\varepsilon}}^{pl} \, dV \leq -\frac{\alpha}{\alpha - 1} \dot{W}(t) \tag{3.13}$$

Integration über die Zeit liefert schließlich die plastische Dissipationsarbeit $W_{pl}(t)$.

$$\begin{aligned} W_{pl}(t = T) &\leq -\frac{\alpha}{\alpha - 1} \int\limits_{t=0}^{t=T} \dot{W}(t) \, dt = -\frac{\alpha}{\alpha - 1} \left[W(T) - W(0) \right] \\ &\leq \frac{\alpha}{2\,(\alpha - 1)} \int\limits_V \bar{\boldsymbol{\rho}}(\boldsymbol{x}) \cdot\cdot \mathbb{C}^e \cdot\cdot \bar{\boldsymbol{\rho}}(\boldsymbol{x}) \, dV \end{aligned}$$

Damit ist nachgewiesen, dass die plastische Dissipationsarbeit beschränkt ist.

$$\lim_{t \to \infty} W_{pl}(t) \leq \frac{\alpha}{2\,(\alpha - 1)} \int\limits_V \bar{\boldsymbol{\rho}}(\boldsymbol{x}) \cdot\cdot \mathbb{C}^e \cdot\cdot \bar{\boldsymbol{\rho}}(\boldsymbol{x}) \, dV \tag{3.14}$$

Da sowohl die plastischen Verzerrungen als auch die plastische Dissipationsarbeit beschränkt sind, spielt das System ein.

3.2.1 Beschreibung des Lastraums

Im Folgenden beschränken wir uns auf solche Belastungsgeschichten $\mathcal{H}(\boldsymbol{x}, t)$, die sich als Überlagerung endlich vieler Lastgruppen $P_\ell(\boldsymbol{x}, t)$ beschreiben lassen, deren Anzahl NL ansonsten beliebig ist. Die Zeitabhängigkeit der Belastung wird durch die Einführung der Lastmultiplikatoren $\mu_\ell(t)$ für jede Lastgruppe ℓ erfasst. Alle Lasten werden auf die Einheitslast $P_0(\boldsymbol{x})$ normiert.

$$\mathcal{H}(\boldsymbol{x}, t) = \sum_{\ell=1}^{NL} P_\ell(\boldsymbol{x}, t) = \sum_{\ell=1}^{NL} \mu_\ell(t) \, P_0(\boldsymbol{x}) \tag{3.15}$$

Wie in [56] gezeigt, ist es hinreichend, nur die konvexe Hülle der Belastungsgeschichte zu berücksichtigen. Dafür werden die Grenzwerte jedes Multiplikators wie folgt definiert.

$$\mu_\ell^- \leq \mu_\ell(t) \leq \mu_\ell^+ \tag{3.16}$$

Durch Zusammenfügen aller Lastmultiplikatoren zum Vektor $\boldsymbol{\mu} = \mu_\ell \, \boldsymbol{e}_\ell$ kann die Menge $\mathcal{U}$ aller Kombinationsmöglichkeiten der Lastfälle innerhalb dieser Grenzen wie folgt angegeben werden.

$$\mathcal{U} = \left\{ \boldsymbol{\mu} \in \mathbb{R}^{NL} \;\middle|\; \mu_\ell^- \leq \mu_\ell \leq \mu_\ell^+ \,,\ \forall \ell \in [1, NL] \right\} \tag{3.17}$$

Dann kann der Lastraum Ω als Menge aller möglichen Belastungsgeschichten innerhalb der durch (3.17) beschriebenen Hülle definiert werden.

$$\Omega = \left\{ \mathcal{H}(\boldsymbol{x},t) \;\middle|\; \mathcal{H}(\boldsymbol{x},t) = \sum_{\ell=1}^{NL} \mu_\ell(t)\, P_0(\boldsymbol{x}) \,,\; \forall \boldsymbol{\mu} \in \mathcal{U} \right\} \tag{3.18}$$

In Analogie zu (3.15) werden die elastischen Referenzspannungen aufgespalten.

$$\boldsymbol{\sigma}^E(\boldsymbol{x},t) = \sum_{\ell=1}^{NL} \mu_\ell(t)\, \boldsymbol{\sigma}_\ell^E(\boldsymbol{x}) \tag{3.19}$$

3.2.2 Diskretisierung

Durch Anwendung der Finiten Elemente Methode (FEM) werden die Spannungen mit Stützwerten in den GAUSS-Punkten $r \in [1, NG]$ approximiert, wobei die Anzahl aller GAUSS-Punkte im System mit NG bezeichnet wird. Die elastischen Spannungen können durch rein elastische Berechnungen für jeden Lastfall ℓ ermittelt werden.

$$\boldsymbol{\sigma}_r^E(t) = \sum_{\ell=1}^{NL} \mu_\ell(t)\, \boldsymbol{\sigma}_{r,\ell}^E \tag{3.20}$$

Die NL gegebenen Lasten spannen einen NL-dimensionalen Polyeder als Lastraum Ω mit $NC = 2^{NL}$ Ecken auf, die die Basislasten des Lastraums darstellen. Es ist ausreichend, nur diese Basislasten zu betrachten, um sicher zu stellen, dass das System für alle möglichen Lasten innerhalb des Lastraums einspielt. Daher kann die Zeitabhängigkeit von $\boldsymbol{\sigma}^E$ dadurch berücksichtigt werden, dass die Spannungszustände in den Ecken $j \in [1, NC]$ des Lastraums ausgewertet werden. Dafür wird die Matrix $\boldsymbol{U}_{NL} \in \mathbb{R}^{NC \times NL}$ mit den Einträgen $U_{j\ell}$ eingeführt, wobei $j \in [1, NC]$ und $\ell \in [1, NL]$.

$$\boldsymbol{\sigma}_r^{E,j} = \sum_{\ell=1}^{NL} U_{j\ell} \boldsymbol{\sigma}_{r,\ell}^E \tag{3.21}$$

Die Matrix $\boldsymbol{U}_{NL}$ wird in Kapitel 9 genauer untersucht.
Das Eigenspannungsfeld $\bar{\boldsymbol{\rho}}$ erfüllt per Definition die Gleichgewichtsbedingungen, und das Prinzip der virtuellen Arbeit lautet wie folgt, [43], wobei $\delta\boldsymbol{\varepsilon}$ die Variation eines kinematisch zulässigen Verzerrungsfelds $\boldsymbol{\varepsilon}$ beschreibt.

$$\int_V \delta\boldsymbol{\varepsilon} \cdot \cdot \bar{\boldsymbol{\rho}}\, dV = 0 \tag{3.22}$$

Bei Anwendung der FEM wird die Struktur in eine endliche Anzahl NE von finiten Elementen unterteilt, von denen jedes NKE Knoten besitzt. Dann wird die Geometrie jedes Elements durch geeignete Formfunktionen $\boldsymbol{N}(\boldsymbol{\xi})$ und den Vektor der Knotenkoordinaten $\boldsymbol{x}_K$ approximiert. Mit $\boldsymbol{\xi}$ werden hierbei natürliche Koordinaten bezeichnet.

$$\boldsymbol{x} = \boldsymbol{N}(\boldsymbol{\xi}) \cdot \boldsymbol{x}_K \qquad \text{bzw.} \qquad \begin{pmatrix} x \\ y \\ z \end{pmatrix} = \begin{pmatrix} \sum_{k=1}^{NKE} N_k(\boldsymbol{\xi})\, x_k \\ \sum_{k=1}^{NKE} N_k(\boldsymbol{\xi})\, y_k \\ \sum_{k=1}^{NKE} N_k(\boldsymbol{\xi})\, z_k \end{pmatrix} \tag{3.23}$$

In dieser Arbeit werden ausschließlich isoparametrische Elemente verwendet, bei denen die physikalischen Größen mit den gleichen Ansätzen approximiert werden wie die Geometrie. Das Verschiebungsfeld $\boldsymbol{u}$ wird deshalb auch durch die Formfunktionen $\boldsymbol{N}(\boldsymbol{\xi})$ und den Vektor der Knotenverschiebungen $\boldsymbol{u}_K$ ausgedrückt.

$$\boldsymbol{u} = \boldsymbol{N}(\boldsymbol{\xi}) \cdot \boldsymbol{u}_K \tag{3.24}$$

Die Verzerrungen können ebenfalls durch die Knotenverschiebungen $\boldsymbol{u}_K$ ausgedrückt werden. Dafür werden sie unter Ausnutzung der Symmetrie der Tensoren in der sogenannten VOIGT-Notation als sechsdimensionale Vektoren aufgeschrieben. Die Spannungen werden in analoger Weise dargestellt.

$$\boldsymbol{\varepsilon} = \begin{pmatrix} \varepsilon_x \\ \varepsilon_y \\ \varepsilon_z \\ 2\,\varepsilon_{xy} \\ 2\,\varepsilon_{yz} \\ 2\,\varepsilon_{zx} \end{pmatrix} \qquad \boldsymbol{\sigma} = \begin{pmatrix} \sigma_x \\ \sigma_y \\ \sigma_z \\ 2\,\sigma_{xy} \\ 2\,\sigma_{yz} \\ 2\,\sigma_{zx} \end{pmatrix} \qquad \bar{\boldsymbol{\rho}} = \begin{pmatrix} \bar{\rho}_x \\ \bar{\rho}_y \\ \bar{\rho}_z \\ 2\,\bar{\rho}_{xy} \\ 2\,\bar{\rho}_{yz} \\ 2\,\bar{\rho}_{zx} \end{pmatrix} \tag{3.25}$$

Durch Einführung der Differentiationsmatrix $\boldsymbol{D}_x$ in kartesischen Koordinaten und unter Verwendung von (2.10) lassen sich die Verzerrungen wie folgt darstellen.

$$\boldsymbol{\varepsilon}(\boldsymbol{x}) = \begin{pmatrix} \frac{\partial u(\boldsymbol{x})}{\partial x} \\ \frac{\partial v(\boldsymbol{x})}{\partial y} \\ \frac{\partial w(\boldsymbol{x})}{\partial z} \\ \frac{\partial u(\boldsymbol{x})}{\partial y} + \frac{\partial v(\boldsymbol{x})}{\partial x} \\ \frac{\partial v(\boldsymbol{x})}{\partial z} + \frac{\partial w(\boldsymbol{x})}{\partial y} \\ \frac{\partial u(\boldsymbol{x})}{\partial z} + \frac{\partial w(\boldsymbol{x})}{\partial x} \end{pmatrix} = \begin{bmatrix} \frac{\partial}{\partial x} & 0 & 0 \\ 0 & \frac{\partial}{\partial y} & 0 \\ 0 & 0 & \frac{\partial}{\partial z} \\ \frac{\partial}{\partial y} & \frac{\partial}{\partial x} & 0 \\ 0 & \frac{\partial}{\partial z} & \frac{\partial}{\partial y} \\ \frac{\partial}{\partial z} & 0 & \frac{\partial}{\partial x} \end{bmatrix} \cdot \begin{pmatrix} u(\boldsymbol{x}) \\ v(\boldsymbol{x}) \\ w(\boldsymbol{x}) \end{pmatrix} = \boldsymbol{D}_x \cdot \boldsymbol{u}(\boldsymbol{x}) \tag{3.26}$$

Unter Berücksichtigung von (3.24) und (3.26) sowie der Kettenregel wird die Matrix $\boldsymbol{B}(\boldsymbol{x}) = \boldsymbol{D}_x \cdot \boldsymbol{N}(\boldsymbol{\xi})$ eingeführt, was die Substitution in (3.22) in der folgenden Form ermöglicht.

$$\int\limits_V \delta\boldsymbol{\varepsilon} \cdot \cdot \bar{\boldsymbol{\rho}}\, dV = \delta\boldsymbol{u}_K \cdot \int\limits_V \boldsymbol{B}(\boldsymbol{x}) \cdot \bar{\boldsymbol{\rho}}\, dV = 0 \quad \Longrightarrow \quad \int\limits_V \boldsymbol{B}(\boldsymbol{x}) \cdot \bar{\boldsymbol{\rho}}\, dV = \boldsymbol{0} \tag{3.27}$$

Die Integration in (3.27) wird numerisch in den GAUSS-Punkten GP ausgeführt, deren Koordinaten mit ${}^{GP}\boldsymbol{x}$ bzw mit ${}^{GP}\boldsymbol{\xi}$ bezeichnet werden. Die zugehörigen Gewichtungsfaktoren werden mit w_i bezeichnet. Das Zeichen $''\sum''$ symbolisiert den Übergang von der

Elementebene zur Systemebene.

$$\int_V \boldsymbol{B}(\boldsymbol{x}) \cdot \bar{\boldsymbol{\rho}}\, dV = {''}\sum_{j=1}^{NE}{''} \sum_{i=1}^{NGE} w_i \det \left|\boldsymbol{J}_j \left({}^{GP}\boldsymbol{\xi}_i^j\right)\right| \boldsymbol{B}\left({}^{GP}\boldsymbol{x}_i^j\right) \cdot \bar{\boldsymbol{\rho}}\left({}^{GP}\boldsymbol{x}_i^j\right) \tag{3.28}$$

Dabei wird die Transformation zwischen den kartesischen Koordinaten $\boldsymbol{x} = (x, y, z)$ und den natürlichen Koordinaten $\boldsymbol{\xi} = (\xi, \eta, \zeta)$ durch die JACOBI -Matrix $\boldsymbol{J}$ ausgedrückt.

$$\frac{\partial}{\partial \boldsymbol{\xi}} = \boldsymbol{J} \cdot \frac{\partial}{\partial \boldsymbol{x}} \qquad \Longleftrightarrow \qquad \boldsymbol{J} = \frac{\partial}{\partial \boldsymbol{\xi}}\boldsymbol{x} = \frac{\partial x_j}{\partial \xi_i}\boldsymbol{e}_i\boldsymbol{e}_j = \begin{bmatrix} \frac{\partial x}{\partial \xi} & \frac{\partial y}{\partial \xi} & \frac{\partial z}{\partial \xi} \\ \frac{\partial x}{\partial \eta} & \frac{\partial y}{\partial \eta} & \frac{\partial z}{\partial \eta} \\ \frac{\partial x}{\partial \zeta} & \frac{\partial y}{\partial \zeta} & \frac{\partial z}{\partial \zeta} \end{bmatrix} \tag{3.29}$$

Setzt man den Ansatz (3.23) in Gleichung (3.29) ein, kann die JACOBI-Matrix auch in der folgenden Form geschrieben werden. Der zusätzlich eingeführte Index j steht dabei für das betrachtete Element. Entsprechend stehen dann die x_k^j für die kartesischen Koordinaten des k-ten Knotens des j-ten Elements.

$$\boldsymbol{J}_j(\boldsymbol{\xi}) = \frac{\partial}{\partial \boldsymbol{\xi}}\boldsymbol{x} = \frac{\partial}{\partial \boldsymbol{\xi}} \begin{pmatrix} \sum_{k=1}^{NKE} N_k(\boldsymbol{\xi})\, x_k^j \\ \sum_{k=1}^{NKE} N_k(\boldsymbol{\xi})\, y_k^j \\ \sum_{k=1}^{NKE} N_k(\boldsymbol{\xi})\, z_k^j \end{pmatrix} = \begin{bmatrix} \sum_{k=1}^{NKE} \frac{\partial N_k(\boldsymbol{\xi})}{\partial \xi} x_k^j & \sum_{k=1}^{NKE} \frac{\partial N_k(\boldsymbol{\xi})}{\partial \xi} y_k^j & \sum_{k=1}^{NKE} \frac{\partial N_k(\boldsymbol{\xi})}{\partial \xi} z_k^j \\ \sum_{k=1}^{NKE} \frac{\partial N_k(\boldsymbol{\xi})}{\partial \eta} x_k^j & \sum_{k=1}^{NKE} \frac{\partial N_k(\boldsymbol{\xi})}{\partial \eta} y_k^j & \sum_{k=1}^{NKE} \frac{\partial N_k(\boldsymbol{\xi})}{\partial \eta} z_k^j \\ \sum_{k=1}^{NKE} \frac{\partial N_k(\boldsymbol{\xi})}{\partial \zeta} x_k^j & \sum_{k=1}^{NKE} \frac{\partial N_k(\boldsymbol{\xi})}{\partial \zeta} y_k^j & \sum_{k=1}^{NKE} \frac{\partial N_k(\boldsymbol{\xi})}{\partial \zeta} z_k^j \end{bmatrix} \tag{3.30}$$

Die beschriebene Vorgehensweise überführt (3.22) in ein lineares Gleichungssystem für die Eigenspannungen $\bar{\boldsymbol{\rho}}_r$ in den GAUSS-Punkten.

$$\int_V \boldsymbol{B}(\boldsymbol{x}) \cdot \bar{\boldsymbol{\rho}}\, dV = \boldsymbol{0} \qquad \Longrightarrow \qquad \sum_{r=1}^{NG} \mathbb{C}_r \cdot \bar{\boldsymbol{\rho}}_r = \boldsymbol{0} \tag{3.31}$$

Die Gleichgewichtsmatrizen $\mathbb{C}_r \in \mathbb{R}^{m_E^* \times 6}$ hängen ausschließlich von der Geometrie des Systems und den verwendeten Ansätzen für die Formfunktionen ab. Darüber hinaus werden die kinematischen Randbedingungen berücksichtigt. Die Dimension der $\mathbb{C}_r$ ist $m_E^* = 3\,NK - NBC$, wobei NK für die Anzahl der Knoten und NBC für die Anzahl der kinematischen Randbedingungen steht.

3.2.3 Das aus dem Einspieltheorem resultierende Optimierungsproblem

Mit (3.21) kann man die MELAN'sche Bedingung (3.4) wie folgt schreiben, wenn man die Existenz eines Laststeigerungsfaktors $\alpha > 1$ fordert. Setzt man außerdem ideal plastisches

Materialverhalten voraus, kann der kritische Wert der Vergleichsspannung Y_r durch die Fließspannung $\sigma_{Y,r}$ ersetzt werden.

$$f\left(\alpha\,\boldsymbol{\sigma}_r^{E,j} + \bar{\boldsymbol{\rho}}_r, \sigma_{Y,r}\right) \leq 0 \;\; \forall j \in [1, NC],\; \forall r \in [1, NG] \tag{3.32}$$

In dieser Bedingung ist bereits berücksichtigt, dass die Eigenspannungen zeitunabhängig sind, da $\bar{\boldsymbol{\rho}}_r$ unabhängig von der betrachteten Lastecke j ist. Dass es sich darüber hinaus um ein Eigenspannungsfeld handelt, wird durch (3.31) sicher gestellt. Damit kann das Optimierungsproblem ($\mathcal{P}_{Melan}$) formuliert werden, dessen Lösung den maximalen Laststeigerungsfaktor α_{SD} liefert, bei dem das System gerade noch einspielt.

$$(\mathcal{P}_{Melan}) \qquad \alpha_{SD} = \max \alpha$$

$$\sum_{r=1}^{NG} \mathbb{C}_r \cdot \bar{\boldsymbol{\rho}}_r = \mathbf{0} \tag{3.33a}$$

$$f\left(\alpha\,\boldsymbol{\sigma}_r^{E,j} + \bar{\boldsymbol{\rho}}_r, \sigma_{Y,r}\right) \leq 0\;,\; \forall j \in [1, NC],\; \forall r \in [1, NG] \tag{3.33b}$$

Für die Spezialfälle von ein- und zweidimensionalen Lasträumen sind die folgenden Transformationen bereits in [1, 2, 47] angegeben worden. Darauf basierend wird im Folgenden eine generalisierte, konsistente Formulierung hergeleitet, die die Verallgemeinerung für eine beliebige, endlich große Anzahl von Lastfällen NL beinhaltet.
Im Rahmen dieser Arbeit wird die Fließbedingung (2.54) nach VON MISES verwendet.

$$\begin{aligned} f\left(\boldsymbol{\sigma}_r^j, \sigma_{Y,r}\right) &= \left(\sigma_{r,1}^j - \sigma_{r,2}^j\right)^2 + \left(\sigma_{r,2}^j - \sigma_{r,3}^j\right)^2 + \left(\sigma_{r,3}^j - \sigma_{r,1}^j\right)^2 \\ &\quad + 6\left[\left(\sigma_{r,4}^j\right)^2 + \left(\sigma_{r,5}^j\right)^2 + \left(\sigma_{r,6}^j\right)^2\right] - 2\,\sigma_{Y,r}^2 \end{aligned} \tag{3.34}$$

Wir führen die Transformationsmatrix $\boldsymbol{T}$ sowie die Variablen $\boldsymbol{p}_r^j$ ein.

$$\boldsymbol{\sigma}_r^j = \boldsymbol{T} \cdot \boldsymbol{p}_r^j\,, \qquad \text{wobei} \qquad \boldsymbol{T} = \frac{1}{2\sqrt{6}} \begin{pmatrix} \sqrt{6} & \sqrt{6} & \sqrt{6} & & & \\ -\sqrt{6} & \sqrt{6} & \sqrt{6} & & & \\ -\sqrt{6} & -\sqrt{6} & \sqrt{6} & & & \\ & & & 2 & & \\ & & & & 2 & \\ & & & & & 2 \end{pmatrix} \tag{3.35}$$

Dann kann die Fließbedingung (3.34) auch mit $\boldsymbol{p}_r^j$ ausgedrückt werden.

$$f\left(\boldsymbol{p}_r^j, \sigma_{Y,r}\right) = \left(p_{r,1}^j\right)^2 + \left(p_{r,2}^j\right)^2 + \left(p_{r,1}^j + p_{r,2}^j\right)^2 + 6\left[\left(p_{r,4}^j\right)^2 + \left(p_{r,5}^j\right)^2 + \left(p_{r,6}^j\right)^2\right] - 2\,\sigma_{Y,r}^2 \tag{3.36}$$

In dieser Form geht die dritte Komponente $p_{r,3}^j$ des Vektors $\boldsymbol{p}_r^j$ nicht in die Fließbedingung ein. Deshalb kann sie aus dem Problem extrahiert werden, wodurch die Dimension des Vektors von sechs in $\boldsymbol{p}_r^j$ auf fünf in $\bar{\boldsymbol{p}}_r^j$ reduziert wird.
Für eine physikalische Interpretation dieses Sachverhalts werden die einzelnen Komponenten des Vektors $\boldsymbol{p}_r^j$ genauer untersucht:

$$p_{r,1}^j = \sigma_{r,1}^j - \sigma_{r,2}^j \qquad p_{r,2}^j = \sigma_{r,2}^j - \sigma_{r,3}^j \qquad p_{r,3}^j = \sigma_{r,1}^j + \sigma_{r,3}^j \tag{3.37}$$

$$p_{r,4}^j = \sqrt{6}\,\sigma_{r,4}^j \qquad p_{r,5}^j = \sqrt{6}\,\sigma_{r,5}^j \qquad p_{r,6}^j = \sqrt{6}\,\sigma_{r,6}^j \tag{3.38}$$

Betrachtet man nun den hydrostatischen Spannungszustand, $\sigma^j_{r,1} = \sigma^j_{r,2} = \sigma^j_{r,3}$ und $\sigma^j_{r,4} = \sigma^j_{r,5} = \sigma^j_{r,6} = 0$, dann ist ersichtlich, dass $p^j_{r,3}$ als einzige Komponente nicht null ist. Da das Fließkriterium nach VON MISES unabhängig vom hydrostatischen Druck ist, ist es auch aus physikalischer Sicht sinnvoll, diese Komponente aus der Formulierung zu entfernen. Die extrahierten Werte $v^j_r = p^j_{r,3}$ aller GAUSS-Punkte $r \in [1, NG]$ werden zu einem Vektor $\boldsymbol{v}^j = v^j_r\, \boldsymbol{e}_r$ zusammengefügt.

$$\bar{\boldsymbol{p}}^j_r = \begin{pmatrix} \bar{p}^j_{r,1} \\ \bar{p}^j_{r,2} \\ \bar{p}^j_{r,3} \\ \bar{p}^j_{r,4} \\ \bar{p}^j_{r,5} \end{pmatrix} = \begin{pmatrix} p^j_{r,1} \\ p^j_{r,2} \\ p^j_{r,4} \\ p^j_{r,5} \\ p^j_{r,6} \end{pmatrix} \quad \text{und} \quad \boldsymbol{v}^j = \begin{pmatrix} v^j_1 \\ \vdots \\ v^j_r \\ \vdots \\ v^j_{NG} \end{pmatrix} = \begin{pmatrix} p^j_{1,3} \\ \vdots \\ p^j_{r,3} \\ \vdots \\ p^j_{NG,3} \end{pmatrix} \in \mathbb{R}^{NG} \tag{3.39}$$

Durch Einführen der Matrix $\boldsymbol{L}^T$ kann die Fließbedingung durch die 2-Norm des Vektors $\boldsymbol{u}^j_r = \boldsymbol{L}^T \cdot \bar{\boldsymbol{p}}^j_r$ ausgedrückt werden.

$$f\left(\boldsymbol{u}^j_r, \sigma_{Y,r}\right) = \left\|\boldsymbol{L}^T \cdot \bar{\boldsymbol{p}}^j_r\right\|_2^2 - 2\,\sigma^2_{Y,r} = \left\|\boldsymbol{u}^j_r\right\|_2^2 - 2\,\sigma^2_{Y,r} \tag{3.40a}$$

$$\text{wobei} \quad \boldsymbol{L}^T = \frac{1}{\sqrt{2}} \begin{pmatrix} 2 & 1 & & & \\ & \sqrt{3} & & & \\ & & \sqrt{2} & & \\ & & & \sqrt{2} & \\ & & & & \sqrt{2} \end{pmatrix} \tag{3.40b}$$

Die beschriebenen Transformationen erlauben eine kompaktere Formulierung des Fließkriteriums. Darüber hinaus wird die Fließbedingung durch nur fünf variable Komponenten pro Ecke des Lastraums und pro GAUSS-Punkt ausgedrückt anstatt durch sechs Komponenten wie in (3.34).

Da die Fließbedingung jetzt in Abhängigkeit der Variablen $\boldsymbol{u}^j_r$ geschrieben ist, muss auch die Bedingung (3.31) für die Eigenspanungen transformiert werden.

$$\sum_{r=1}^{NG} \mathbb{C}_r \cdot \bar{\boldsymbol{\rho}}_r = \sum_{r=1}^{NG} \mathbb{C}_r \cdot \left(\boldsymbol{\sigma}^j_r - \alpha \boldsymbol{\sigma}^{E,j}_r\right) = \boldsymbol{0} \tag{3.41}$$

Bei dieser Umformung geht jedoch die Information verloren, dass die Eigenspannungen zeitunabhängig sind, weshalb sie als zusätzliche Bedingung wieder ins System eingeführt werden muss. Die Zeitunabhängigkeit von $\bar{\boldsymbol{\rho}}$ impliziert die Unabhängigkeit von der betrachteten Lastecke j des Lastraums.

$$\bar{\boldsymbol{\rho}}_r = \boldsymbol{\sigma}^j_r - \alpha \boldsymbol{\sigma}^{E,j}_r = \text{const}(j) \tag{3.42}$$

Da diese Bedingung für alle $j \in [1, NC]$ erfüllt sein muss, kann sie verwendet werden, um die Spannungen in verschiedenen Ecken des Lastraums mit einander zu verknüpfen.

Beispielsweise können die Ecken j und $(j+1)$ folgendermaßen mit einander in Beziehung gesetzt werden.

$$\boldsymbol{\sigma}_r^{j+1} - \alpha\boldsymbol{\sigma}_r^{E,j+1} = \bar{\boldsymbol{\rho}}_r = \boldsymbol{\sigma}_r^{j} - \alpha\boldsymbol{\sigma}_r^{E,j} \tag{3.43a}$$

$$\longrightarrow \quad \boldsymbol{\sigma}_r^{j+1} = \boldsymbol{\sigma}_r^{j} - \alpha\left(\boldsymbol{\sigma}_r^{E,j} - \boldsymbol{\sigma}_r^{E,j+1}\right)\ ,\ \forall j \in [1, NC-1] \tag{3.43b}$$

Mit (3.43b) ist klar, dass die Bedingung (3.41) für alle möglichen j gilt, wenn mindestens ein j existiert, für das sie erfüllt ist. Entsprechend kann (3.41) für eine beliebig gewählte Lastecke $j = 1$ aufgeschrieben werden.

$$\sum_{r=1}^{NG} \mathbb{C}_r \cdot \left(\boldsymbol{\sigma}_r^1 - \alpha\boldsymbol{\sigma}_r^{E,1}\right) = \mathbf{0} \tag{3.44}$$

Mithilfe von (3.35) werden die Spannungen $\boldsymbol{\sigma}_r^1$ aus (3.44) substituiert, wobei $\bar{\boldsymbol{T}} \in \mathbb{R}^{5\times6}$ die Matrix $\boldsymbol{T}$ ohne die dritte Spalte $\boldsymbol{T}_3 \in \mathbb{R}^6$ bezeichnet.

$$\begin{aligned}\sum_{r=1}^{NG} \mathbb{C}_r \cdot \left(\boldsymbol{\sigma}_r^1 - \alpha\boldsymbol{\sigma}_r^{E,1}\right) &= \sum_{r=1}^{NG} \mathbb{C}_r \cdot \left[\left(\bar{\boldsymbol{T}} \cdot \bar{\boldsymbol{p}}_r^1 + v_r^1 \boldsymbol{T}_3\right) - \alpha\boldsymbol{\sigma}_r^{E,1}\right] \\ &= \sum_{r=1}^{NG} \left[\mathbb{C}_r \cdot \bar{\boldsymbol{T}} \cdot \boldsymbol{L}^{-T} \cdot \boldsymbol{u}_r^1 + v_r^1\, \mathbb{C}_r \cdot \boldsymbol{T}_3 - \alpha\, \mathbb{C}_r \cdot \boldsymbol{\sigma}_r^{E,1}\right]\end{aligned} \tag{3.45}$$

Es werden nun noch die Vektoren $\boldsymbol{u}^1$ und $\boldsymbol{b}$ sowie die Matrizen $\tilde{\boldsymbol{A}}$ und $\tilde{\boldsymbol{B}}$ eingeführt.

$$\boldsymbol{u}^1 = \left[\boldsymbol{u}_1^1, \ldots, \boldsymbol{u}_r^1, \ldots, \boldsymbol{u}_{NG}^1\right]^T \in \mathbb{R}^{5\,NG} \tag{3.46}$$

$$\boldsymbol{b} = \sum_{r=1}^{NG} \mathbb{C}_r \cdot \boldsymbol{\sigma}_r^{E,1} \in \mathbb{R}^{m_E^*} \tag{3.47}$$

$$\tilde{\boldsymbol{A}} = \left[\mathbb{C}_1 \cdot \bar{\boldsymbol{T}} \cdot \boldsymbol{L}^{-T}\middle|\ldots\middle|\mathbb{C}_r \cdot \bar{\boldsymbol{T}} \cdot \boldsymbol{L}^{-T}\middle|\ldots\middle|\mathbb{C}_{NG} \cdot \bar{\boldsymbol{T}} \cdot \boldsymbol{L}^{-T}\right] \in \mathbb{R}^{m_E^* \times 5\,NG} \tag{3.48}$$

$$\tilde{\boldsymbol{B}} = \left[\mathbb{C}_1 \cdot \boldsymbol{T}_3\middle|\ldots\middle|\mathbb{C}_r \cdot \boldsymbol{T}_3\middle|\ldots\middle|\mathbb{C}_{NG} \cdot \boldsymbol{T}_3\right] \in \mathbb{R}^{m_E^* \times NG} \tag{3.49}$$

Dadurch kann (3.45) wie folgt umgeschrieben werden.

$$\sum_{r=1}^{NG} \mathbb{C}_r \cdot \left(\boldsymbol{\sigma}_r^1 - \alpha\boldsymbol{\sigma}_r^{E,1}\right) = \tilde{\boldsymbol{A}} \cdot \boldsymbol{u}^1 + \tilde{\boldsymbol{B}} \cdot \boldsymbol{v}^1 - \alpha\,\boldsymbol{b} = \mathbf{0} \tag{3.50}$$

Für eine konsistente Formulierung muss (3.43b) ebenfalls durch die Variablen $\boldsymbol{u}_r^j$ und v_r^j ausgedrückt werden. Deshalb werden die Spannungen $\boldsymbol{\sigma}_r^j$ unter Zuhilfenahme von (3.35) substituiert.

$$\boldsymbol{p}_r^{j+1} = \boldsymbol{p}_r^j - \alpha\,\boldsymbol{T}^{-1} \cdot \left(\boldsymbol{\sigma}_r^{E,j} - \boldsymbol{\sigma}_r^{E,j+1}\right) \tag{3.51}$$

Die dritte Komponente dieser Gleichung wird separiert. Dabei bezeichnet $\boldsymbol{T}_3^{-1}$ die dritte Zeile der Matrix $\boldsymbol{T}^{-1}$.

$$\boldsymbol{u}_r^{j+1} = \boldsymbol{u}_r^j - \alpha\,\boldsymbol{L}^T \cdot \bar{\boldsymbol{T}}^{-1} \cdot \left(\boldsymbol{\sigma}_r^{E,j} - \boldsymbol{\sigma}_r^{E,j+1}\right) \tag{3.52}$$

$$v_r^{j+1} = v_r^j - \alpha\,\boldsymbol{T}_3^{-1} \cdot \left(\boldsymbol{\sigma}_r^{E,j} - \boldsymbol{\sigma}_r^{E,j+1}\right) \tag{3.53}$$

Mit (3.40a) und (3.50)–(3.53) kann das Optimierungsproblem $(\mathcal{P}_{Melan})$ in der folgenden Form $(\mathcal{P}_{Melan})^*$ angegeben werden.

$$
\begin{aligned}
(\mathcal{P}_{Melan})^* \quad & \max \alpha \\
& \tilde{\boldsymbol{A}} \cdot \boldsymbol{u}^1 + \tilde{\boldsymbol{B}} \cdot \boldsymbol{v}^1 - \alpha\, \boldsymbol{b} = \boldsymbol{0} && (3.54a)\\
& \forall r \in [1, NG]\ ,\ \forall j \in [1, NC-1] : \\
& \boldsymbol{u}_r^{j+1} = \boldsymbol{u}_r^j - \alpha\, \boldsymbol{L}^T \cdot \bar{\boldsymbol{T}}^{-1} \cdot \left(\boldsymbol{\sigma}_r^{E,j} - \boldsymbol{\sigma}_r^{E,j+1}\right) && (3.54b)\\
& v_r^{j+1} = v_r^j - \alpha\, \boldsymbol{T}_3^{-1} \cdot \left(\boldsymbol{\sigma}_r^{E,j} - \boldsymbol{\sigma}_r^{E,j+1}\right) && (3.54c)\\
& \left\|\boldsymbol{u}_r^j\right\|_2^2 - 2\,\sigma_{Y,r}^2 \le 0\ ,\ \forall r \in [1, NG]\ ,\ \forall j \in [1, NC] && (3.54d)
\end{aligned}
$$

Da die Variablen $\boldsymbol{v}^j$ für $j > 1$ ausschließlich in der Bedingung (3.54c) vorkommen und daher unabhängig von allen anderen Variablen des Problems sind, können sie ohne Einschränkung des Lösungsbereichs aus dem Optimierungsprozess entfernt werden.
Der Einfachheit halber schreiben wir im Folgenden $\boldsymbol{v} := \boldsymbol{v}^1$ und verzichten auf die Hochindizes. Darüber hinaus wird in (3.54b) mit $\boldsymbol{\gamma}_r^j$ abgekürzt. Dadurch erhält man schließlich die folgende verallgemeinerte Form des Optimierungsproblems.

$$
\begin{aligned}
(\mathcal{P}_{IPDCA}^{NL}) \quad & \max \alpha \\
& \tilde{\boldsymbol{A}} \cdot \boldsymbol{u}^1 + \tilde{\boldsymbol{B}} \cdot \boldsymbol{v} - \alpha\, \boldsymbol{b} = \boldsymbol{0} && (3.55a)\\
& \boldsymbol{u}_r^{j+1} = \boldsymbol{u}_r^j - \alpha\, \boldsymbol{\gamma}_r^j\ ,\quad \forall r \in [1, NG]\ ,\ \forall j \in [1, NC-1] && (3.55b)\\
& \left\|\boldsymbol{u}_r^j\right\|_2^2 - 2\,\sigma_{Y,r}^2 \le 0\ ,\ \forall r \in [1, NG]\ ,\ \forall j \in [1, NC] && (3.55c)\\
\text{wobei:} \quad & \boldsymbol{\gamma}_r^j = \boldsymbol{L}^T \cdot \bar{\boldsymbol{T}}^{-1} \cdot \left(\boldsymbol{\sigma}_r^{E,j} - \boldsymbol{\sigma}_r^{E,j+1}\right) && (3.55d)
\end{aligned}
$$

In Kapitel 5.4 werden Modifikationen dieser Formulierung erörtert, die zu weiteren Reduktionen des Systems führen.

4 Innere Punkte Verfahren zur Lösung nichtlinearer Optimierungsprobleme

In diesem Kapitel werden zunächst Optimierungsbedingungen für den allgemeinen Fall mehrdimensionaler, nichtlinearer Optimierungsprobleme mit eingeschränktem Lösungsbereich untersucht. Daraufhin werden diese Bedingungen an den Spezialfall von konvexen, regulären Optimierungsproblemen angepasst. Für detailliertere Darstellungen der Grundlagen wird auf [31, 100, 120] verwiesen.
Zur Lösung solcher Probleme wird häufig die Innere Punkte Methode verwendet, die auch in dieser Arbeit zur Lösung des Optimierungsproblems $(\mathcal{P}_{IPDCA}^{NL})$ in (3.55) herangezogen wird. Dieses Verfahren wird im Abschnitt 4.3 beschrieben. Von der Vielzahl der Veröffentlichungen im Bereich der Innere Punkte Verfahren werden die Referenzen [32, 35, 38, 99, 116, 139, 140] empfohlen.

4.1 Allgemeine Optimierungsbedingungen

Die notwendige Bedingung für lokale Minima bei mehrdimensionalen Problemen ohne Einschränkung des zulässigen Bereichs $\mathbb{X} = \mathbb{R}^n$ kann wie folgt formuliert werden:

Sei $f : \mathbb{R}^n \rightarrow \mathbb{R}$ eine mindestens zweimal stetig differenzierbare Funktion, $f \in C^2$, und $\mathbb{X} = \mathbb{R}^n$. Wenn gilt:

$$(a) \quad \boldsymbol{\nabla} f(\bar{\boldsymbol{x}}) = \mathbf{0} \tag{4.1a}$$

$$(b) \quad \textit{Die } \text{HESSE}\textit{-Matrix } \boldsymbol{\nabla}^2 f(\bar{\boldsymbol{x}}) \textit{ ist positiv semidefinit.} \tag{4.1b}$$

dann ist $\bar{\boldsymbol{x}}$ lokaler Minimalpunkt von f über $\mathbb{X} = \mathbb{R}^n$.

Diese Bedingung ist nicht gültig, wenn der zulässige Bereich eingeschränkt ist, $\mathbb{X} \subseteq \mathbb{R}^n$. Der Bereich der zulässigen Lösungen wird durch Gleichungen $\boldsymbol{a}(\boldsymbol{x}) = \mathbf{0}$ eingeschränkt. Außerdem soll der Rand $ext(\mathbb{X})$ des Bereichs $\mathbb{X}$ durch Ungleichungen $\boldsymbol{c}_I(\boldsymbol{x}) \geq \mathbf{0}$ beschrieben werden, wobei die $\boldsymbol{a}(\boldsymbol{x}) \in \mathbb{R}^{m_E}$ und die $\boldsymbol{c}_I(\boldsymbol{x}) \in \mathbb{R}^{m_I}$ als Restriktionen oder Nebenbedingungen des Optimierungsproblems bezeichnet werden. Der zulässige Bereich der Vektoren $\boldsymbol{x}$ wird dann wie folgt definiert.

$$\mathbb{X} = \left\{ \boldsymbol{x} \in \mathbb{R}^n \middle| \; \boldsymbol{c}_I(\boldsymbol{x}) \geq \mathbf{0} \wedge \boldsymbol{a}(\boldsymbol{x}) = \mathbf{0} \right\} \tag{4.2}$$

Das beschränkte Optimierungsproblem $(\mathcal{P})$ wird dann in der folgenden Form angegeben.

$$(\mathcal{P}) \qquad \min f(\boldsymbol{x})$$

$$\boldsymbol{a}(\boldsymbol{x}) = \mathbf{0} \tag{4.3a}$$

$$\boldsymbol{c}_I(\boldsymbol{x}) \geq \mathbf{0} \tag{4.3b}$$

$$\boldsymbol{x} \in \mathbb{R}^n \tag{4.3c}$$

Die Bedingung für lokale Minima ändert sich dadurch für innere Punkte $\boldsymbol{x} \in int(\mathbb{X})$ nicht. Für Randwerte $\boldsymbol{x} \in ext(\mathbb{X})$ muss sie jedoch angepasst werden. Für beschränkte Probleme $\mathbb{X} \subseteq \mathbb{R}^n$ wird die notwendige Bedingung für lokale Minimalpunkte wie folgt angegeben.

Sei $f : \mathbb{R}^n \rightarrow \mathbb{R}$ eine mindestens zweimal stetig differenzierbare Funktion, $f \in C^2$, und $\mathbb{X} \subseteq \mathbb{R}^n$. Wenn $\bar{\boldsymbol{x}}$ lokaler Minimalpunkt von f über $\mathbb{X}$ ist, gelten die folgenden notwendigen Optimalitätsbedingungen:

$$\text{1. Ordnung:} \quad \boldsymbol{d} \cdot \boldsymbol{\nabla} f(\bar{\boldsymbol{x}}) \geq 0, \quad \forall \boldsymbol{d} \in \bar{D}(\bar{\boldsymbol{x}}) \tag{4.4a}$$

$$\text{2. Ordnung:} \quad \boldsymbol{d} \cdot \boldsymbol{\nabla} f(\bar{\boldsymbol{x}}) = 0 \quad \Rightarrow \quad \boldsymbol{d} \cdot \boldsymbol{\nabla}^2 f(\bar{\boldsymbol{x}}) \cdot \boldsymbol{d} \geq 0, \quad \forall \boldsymbol{d} \in \bar{D}(\bar{\boldsymbol{x}}) \tag{4.4b}$$

Die Menge $\bar{D}(\bar{\boldsymbol{x}})$ bezeichnet den Abschluss der Menge $D(\bar{\boldsymbol{x}})$ aller zulässigen Richtungen $\boldsymbol{d}$ im Punkt $\bar{\boldsymbol{x}}$, wobei jede Richtung $\boldsymbol{d}$ in $\bar{\boldsymbol{x}}$ zulässig ist, entlang derer man ein λ-faches Stück gehen kann, ohne den zulässigen Bereich $\mathbb{X}$ zu verlassen.

$$D(\bar{\boldsymbol{x}}) := \left\{ \boldsymbol{d} \in \mathbb{R}^n \,\middle|\, \exists \lambda > 0 : \; [\bar{\boldsymbol{x}}, \bar{\boldsymbol{x}} + \lambda \boldsymbol{d}] \subseteq \mathbb{X} \right\} \tag{4.5}$$

Für innere Punkte $\boldsymbol{x} \in int(\mathbb{X})$ ist jede Richtung zulässig, $D(\boldsymbol{x}) = \mathbb{R}^n$. Für Randpunkte des zulässigen Bereichs $\boldsymbol{x} \in ext(\mathbb{X})$ lässt sich die notwendige Optimalitätsbedingung erster Ordnung (4.4a) anschaulich deuten:
Die Bedingung $\boldsymbol{d} \cdot \boldsymbol{\nabla} f(\bar{\boldsymbol{x}}) \geq 0$ sagt aus, dass der Gradient der Zielfunktion $\boldsymbol{\nabla} f(\bar{\boldsymbol{x}})$ mit allen im betrachteten Punkt $\bar{\boldsymbol{x}}$ zulässigen Richtungen $\boldsymbol{d}$ einen spitzen Winkel bilden muss. Das gilt in dem dargestellten Beispiel für den unteren der beiden Punkte, der dem Minimum von f näher liegt, nicht aber für den oberen Punkt, der deshalb nicht lokaler Minimalpunkt von f über $\mathbb{X}$ sein kann, Abb. 4.1.

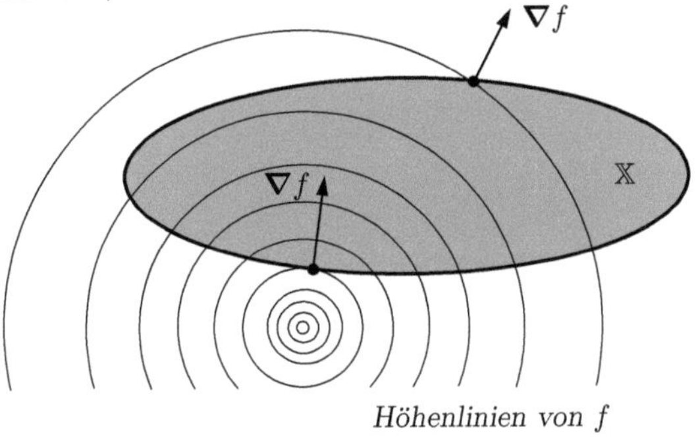

Abbildung 4.1: Geometrische Deutung der notwendigen Optimalitätsbedingung 1. Ordnung

4.2 Optimierungsbedingungen für konvexe reguläre Optimierungsprobleme

Es wird die Menge der aktiven Indizes $I(\bar{\boldsymbol{x}})$ für einen zulässigen Punkt $\bar{\boldsymbol{x}} \in \mathbb{X}$ definiert als die Menge aller Indizes i, für die die Ungleichungen aktiv sind, $c_{I,i}(\bar{\boldsymbol{x}}) = 0$.

$$I(\bar{\boldsymbol{x}}) = \left\{ i \in \{1, \ldots, m_I\} \,\middle|\, c_{I,i}(\bar{\boldsymbol{x}}) = 0 \right\} \tag{4.6}$$

Desweiteren wird die linearisierte zulässige Menge $D_L(\bar{\boldsymbol{x}})$ eingeführt.

$$D_L(\bar{\boldsymbol{x}}) = \left\{ \boldsymbol{d} \in \mathbb{R}^n \middle| \, \boldsymbol{d} \cdot \boldsymbol{\nabla} c_{I,i}(\bar{\boldsymbol{x}}) \leq 0, \ \forall i \in I(\bar{\boldsymbol{x}}); \ \boldsymbol{d} \cdot \boldsymbol{\nabla} a_j = 0, \ \forall j \in \{1, \ldots, m_E\} \right\} \quad (4.7)$$

Man kann zeigen, dass die Menge der zulässigen Richtungen eine Untermenge der linearisierten zulässigen Menge sein muss, $\bar{D}(\bar{\boldsymbol{x}}) \subseteq D_L(\bar{\boldsymbol{x}})$. Sind diese Mengen identisch, dann bezeichnet man das Optimierungsproblem als regulär. Entsprechend heißt die folgende Gleichung Regularitätsbedingung.

$$\bar{D}(\bar{\boldsymbol{x}}) = D_L(\bar{\boldsymbol{x}}) \quad (4.8)$$

Für Ungleichungsrestriktionen sagt die Regularitätsbedingung aus, dass alle Richtungen $\boldsymbol{d} \in \mathbb{R}^n$ zulässig sein müssen, die im Punkt $\bar{\boldsymbol{x}}$ auf dem Rand $c_i(\bar{\boldsymbol{x}}) = 0$ des zulässigen Bereichs einen stumpfen Winkel mit dem Gradienten $\boldsymbol{\nabla} c_i$ bilden. In Abb. 4.2 wird diese Bedingung an einem einfachen Beispiel mit konvexen Ungleichungsrestriktionen c_1, c_2 und c_3 veranschaulicht.

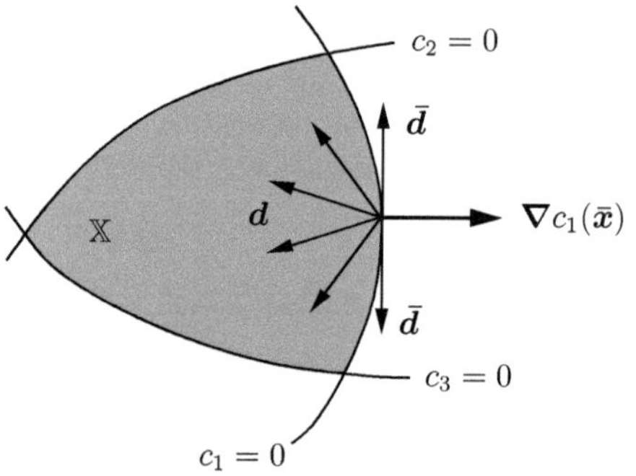

Abbildung 4.2: Veranschaulichung der Regularitätsbedingung

In diesem Beispiel beinhaltet die Menge $D(\bar{\boldsymbol{x}})$ alle Vektoren $\boldsymbol{d}$, die ins Innere des zulässigen Bereichs $\mathbb{X}$ gerichtet sind, aber nicht die Vektoren $\bar{\boldsymbol{d}}$ tangential an $c_1(\bar{\boldsymbol{x}}) = 0$. Deshalb ist $D(\bar{\boldsymbol{x}})$ offen. Beim Abschluss der Menge $D(\bar{\boldsymbol{x}})$ zu $\bar{D}(\bar{\boldsymbol{x}})$ werden diese Vektoren $\bar{\boldsymbol{d}}$ hinzugefügt. Die Menge $D_L(\bar{\boldsymbol{x}})$ beinhaltet alle Vektoren, die mit dem Gradienten $\boldsymbol{\nabla} c_1(\bar{\boldsymbol{x}})$ einen stumpfen Winkel bilden. Das ist aber genau für die zulässigen Richtungen der Fall. Die beiden Mengen stimmen überein, $\bar{D}(\bar{\boldsymbol{x}}) = D_L(\bar{\boldsymbol{x}})$. Die Regularitätsbedingung ist erfüllt; das Problem ist regulär.

Die Regularitätsbedingung ist im Allgemeinen nur schwer direkt überprüfbar. Es gibt aber alternative Bedingungen (*Constraint Qualifications*), die sicherstellen, dass das Problem regulär ist. Dazu gehören:

- *Linear Independence Constraint Qualification (LICQ)*:
  Die Menge der Gradienten $\{\boldsymbol{\nabla} c_i(\bar{\boldsymbol{x}}), \ \boldsymbol{\nabla} a_j(\bar{\boldsymbol{x}})\}$ mit $i \in I(\bar{\boldsymbol{x}})$ und $j \in \{1, \ldots, m_E\}$ ist linear unabhängig.

- SLATER-*Bedingung*:
  Alle Gleichungsrestriktionen $\boldsymbol{a}(\boldsymbol{x})$ sind affin-linear, alle Ungleichungsrestriktionen $\boldsymbol{c}_I(\boldsymbol{x})$ sind konkav, und es existiert mindestens ein innerer Punkt $\hat{\boldsymbol{x}}$ mit der Eigenschaft
  $$\boldsymbol{c}_I(\hat{\boldsymbol{x}}) > 0 \qquad \wedge \qquad \boldsymbol{a}(\hat{\boldsymbol{x}}) = 0$$

Für reguläre, durch Gleichungen und Ungleichungen restringierte Optimierungsprobleme kann die notwendige Bedingung 1. Ordnung für lokale Minima (4.4a) nicht nur über die zulässigen Richtungen angegeben werden, sondern auch über die Nebenbedingungen.

$$\boldsymbol{d} \cdot \boldsymbol{\nabla} f(\bar{\boldsymbol{x}}) \geq 0, \ \forall \boldsymbol{d} \in \bar{D}(\bar{\boldsymbol{x}}) \quad \Leftrightarrow \quad \boldsymbol{d} \cdot \boldsymbol{\nabla} f(\bar{\boldsymbol{x}}) \geq 0, \ \forall \boldsymbol{d} \in D_L(\bar{\boldsymbol{x}}) \tag{4.9}$$

Das bedeutet, dass für alle Lösungen des Systems

$$\boldsymbol{d} \cdot \boldsymbol{\nabla} c_{I,i}(\bar{\boldsymbol{x}}) \leq 0, \ \forall i \in I(\bar{\boldsymbol{x}}) \qquad \wedge \qquad \boldsymbol{d} \cdot \boldsymbol{\nabla} a_j = 0, \ \forall j \in \{1, \ldots, m_E\}$$

auch die Bedingung $\boldsymbol{d} \cdot \boldsymbol{\nabla} f(\bar{\boldsymbol{x}}) \geq 0$ gelten muss. Mithilfe des FARKAS-Lemmas kann diese Bedingung in die folgende Form gebracht werden. Dabei sind $\boldsymbol{\lambda}_E \in \mathbb{R}^{m_E}$ und $\boldsymbol{\lambda}_I \in \mathbb{R}_+^{m_I}$ die LAGRANGE-Multiplikatoren.

$$\boldsymbol{\nabla} f(\bar{\boldsymbol{x}}) - \sum_{i \in I(\bar{\boldsymbol{x}})} \lambda_{I,i} \, \boldsymbol{\nabla} c_{I,i}(\bar{\boldsymbol{x}}) - \sum_{j=0}^{m_E} \lambda_{E,j} \, \boldsymbol{\nabla} a_j(\bar{\boldsymbol{x}}) = \boldsymbol{0} \tag{4.10}$$

Diese Bedingung kann äquivalent auch in zwei Gleichungen geschrieben werden, wobei die zweite Gleichung (4.11b) sicherstellt, dass alle Multiplikatoren $\lambda_{I,i}$ von inaktiven Ungleichungen null sind.

$$\boldsymbol{\nabla} f(\bar{\boldsymbol{x}}) - \sum_{i=0}^{m_I} \lambda_{I,i} \, \boldsymbol{\nabla} c_{I,i}(\bar{\boldsymbol{x}}) - \sum_{j=0}^{m_E} \lambda_{E,j} \, \boldsymbol{\nabla} a_j(\bar{\boldsymbol{x}}) = \boldsymbol{0} \tag{4.11a}$$

$$\sum_{i=1}^{m_I} \lambda_{I,i} \, c_{I,i}(\bar{\boldsymbol{x}}) = 0 \tag{4.11b}$$

Damit kann für reguläre Probleme die notwendige Optimalitätsbedingung 1. Ordnung (4.4a) in Form der KARUSH-KUHN-TUCKER-Bedingung, [62], geschrieben werden:

> *Seien $f(\boldsymbol{x}) : \mathbb{R}^n \to \mathbb{R}$ sowie $\boldsymbol{c}_I(\boldsymbol{x}) \in \mathbb{R}^{m_I}$ und $\boldsymbol{a}(\boldsymbol{x}) \in \mathbb{R}^{m_E}$ mindestens einmal stetig differenzierbare Funktionen, $f, c_{I,i}, a_j \in C^1$. Der Zulässige Bereich sei beschrieben durch $\mathbb{X} = \{\boldsymbol{x} \in \mathbb{R}^n \mid \boldsymbol{c}_I(\boldsymbol{x}) \geq \boldsymbol{0} \ \wedge \ \boldsymbol{a}(\boldsymbol{x}) = \boldsymbol{0}\}$.*
> *$\bar{\boldsymbol{x}} \in \mathbb{X}$ sei lokaler Minimalpunkt von f über $\mathbb{X}$, und die Regularitätsbedingung $\bar{D}(\bar{\boldsymbol{x}}) = D_L(\bar{\boldsymbol{x}})$ sei erfüllt. Dann gibt es LAGRANGE-Multiplikatoren $\boldsymbol{\lambda}_E \in \mathbb{R}^{m_E}$ und $\boldsymbol{\lambda}_I \in \mathbb{R}_+^{m_I}$, so dass die folgenden Bedingungen erfüllt sind:*
>
> $$\forall i \in \{1, \ldots, m_I\} : \qquad \lambda_{I,i} \, c_{I,i}(\bar{\boldsymbol{x}}) = 0 \tag{4.12a}$$
>
> $$\boldsymbol{\nabla} f(\bar{\boldsymbol{x}}) - \sum_{i=0}^{m_I} \lambda_{I,i} \, \boldsymbol{\nabla} c_{I,i}(\bar{\boldsymbol{x}}) - \sum_{j=0}^{m_E} \lambda_{E,j} \, \boldsymbol{\nabla} a_j(\bar{\boldsymbol{x}}) = \boldsymbol{0} \tag{4.12b}$$

Die Gleichung (4.12a) wird häufig als Bedingung für komplementären Schlupf (*Complementary Slackness*) bezeichnet, die Gleichung (4.12b) als LAGRANGE-Einschluss (LAGRANGE *Inclusion*).
Die KARUSH-KUHN-TUCKER-Bedingung (KKT) lässt sich für zweidimensionale Probleme sehr leicht veranschaulichen:

- Im Innern des zulässigen Bereichs $\bar{\boldsymbol{x}} \in int(\mathbb{X})$ ist keine der Ungleichungen aktiv, $I(\bar{\boldsymbol{x}}) = \emptyset$. Die Optimalitätsbedingung vereinfacht sich dann zu $\boldsymbol{\nabla} f(\bar{\boldsymbol{x}}) = 0$.

- Ist genau eine der Ungleichungen aktiv, beispielsweise $c_1(\bar{\boldsymbol{x}}) = 0$, liegt der betrachtete Punkt auf dem durch diese Ungleichung beschriebenen Rand. Die KKT besagt dann, dass der Gradient $\boldsymbol{\nabla} f(\bar{\boldsymbol{x}})$ der Zielfunktion mit dem Gradienten $\boldsymbol{\nabla} c_1(\bar{\boldsymbol{x}})$ der Nebenbedingung gleichgerichtet sein muss.

$$\boldsymbol{\nabla} f(\bar{\boldsymbol{x}}) - \lambda_{I,1} \boldsymbol{\nabla} c_1(\bar{\boldsymbol{x}}) = 0 \quad \Rightarrow \quad \boldsymbol{\nabla} f(\bar{\boldsymbol{x}}) = \lambda_{I,1} \boldsymbol{\nabla} c_1(\bar{\boldsymbol{x}})$$

- Im Fall von zwei aktiven Ungleichungen, beispielsweise $I(\bar{\boldsymbol{x}}) = \{1, 2\}$, ergibt sich aus der KKT, dass der Gradient der Zielfunktion $\boldsymbol{\nabla} f(\bar{\boldsymbol{x}})$ als Linearkombination der Gradienten $\boldsymbol{\nabla} c_1(\bar{\boldsymbol{x}})$ und $\boldsymbol{\nabla} c_2(\bar{\boldsymbol{x}})$ darstellbar sein muss. Da die LAGRANGE-Multiplikatoren positiv sind, $\lambda_{I,1}, \lambda_{I,2} > 0$, muss der Vektor $\boldsymbol{\nabla} f(\bar{\boldsymbol{x}})$ innerhalb des von $\boldsymbol{\nabla} c_1(\bar{\boldsymbol{x}})$ und $\boldsymbol{\nabla} c_2(\bar{\boldsymbol{x}})$ aufgespannten Kegels liegen, Abb. 4.3.

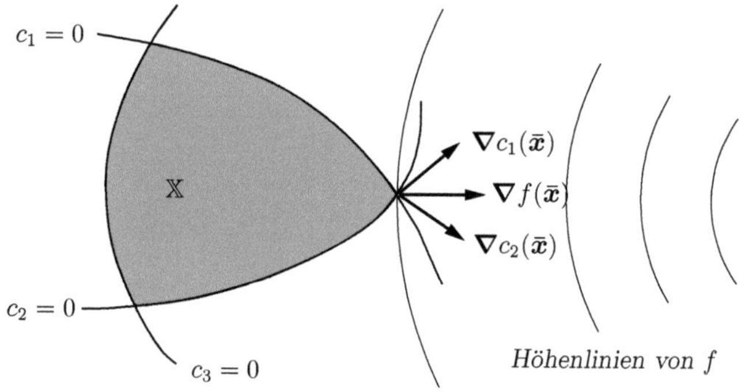

Abbildung 4.3: Veranschaulichung der KKT bei zwei aktiven Nebenbedingungen

Im Folgenden werden Optimierungsprobleme betrachtet, deren Nebenbedingungen die SLATER-Bedingung erfüllen. Fordert man darüber hinaus die Konvexität der Zielfunktion f, spricht man von einem konvexen Optimierungsproblem. Konvexe Probleme sind generell lösbar, da sie die folgenden Eigenschaften aufweisen:

1. *Der zulässige Bereich $\mathbb{X}$ ist konvex und abgeschlossen.*

2. *Jedes lokale Minimum von $(\mathcal{P})$ ist gleichzeitig globale Lösung von $(\mathcal{P})$.*
   Die Menge $\mathbb{X}_{opt}$ der optimalen Lösungen von $(\mathcal{P})$ ist konvex und abgeschlossen.

3. *Ist f streng konvex, so besitzt $(\mathcal{P})$ keine oder genau eine Lösung.*

4. *Da die* HESSE-*Matrix jeder konvexen Zielfunktion per Definition positiv semidefinit ist, ist die notwendige Optimalitätsbedingung 2. Ordnung (4.4b) a priori erfüllt. Es muss nur die notwendige Bedingung 1. Ordnung (4.4a) untersucht werden.*

5. *Die notwendigen Optimalitätsbedingungen sind auch hinreichend.*

Daraus folgt, dass die KKT für globale Minima von konvexen, regulären Optimierungsproblemen hinreichend ist. Darüber hinaus kann sie in diesem Fall auch über die LAGRANGE-Funktion $\mathcal{L}(\boldsymbol{x}, \boldsymbol{\lambda}_E, \boldsymbol{\lambda}_I)$ angegeben werden.

$$\mathcal{L}(\boldsymbol{x}, \boldsymbol{\lambda}_E, \boldsymbol{\lambda}_I) = f(\boldsymbol{x}) - \boldsymbol{\lambda}_E \cdot \boldsymbol{a}(\boldsymbol{x}) - \boldsymbol{\lambda}_I \cdot \boldsymbol{c}_I(\boldsymbol{x}) \tag{4.13}$$

Dabei sind die $\boldsymbol{\lambda}_E \in \mathbb{R}^{m_E}$ und die $\boldsymbol{\lambda}_I \in \mathbb{R}_+^{m_I}$ die LAGRANGE-Multiplikatoren. Die LAGRANGE-Funktion besitzt bei konvexen Problemen stets einen Sattelpunkt $(\boldsymbol{x}^*, \boldsymbol{\lambda}_E^*, \boldsymbol{\lambda}_I^*)$, wobei ein Punkt $(\boldsymbol{x}^*, \boldsymbol{\lambda}^*) \in \mathbb{R}^n \times \mathbb{R}^m$ Sattelpunkt der Funktion $F(\boldsymbol{x}, \boldsymbol{\lambda})$ heißt , falls gilt:

$$\forall \boldsymbol{x} \in \mathbb{R}^n, \quad \forall \boldsymbol{\lambda} \in \mathbb{R}^m : \quad F(\boldsymbol{x}^*, \boldsymbol{\lambda}) \leq F(\boldsymbol{x}^*, \boldsymbol{\lambda}^*) \leq F(\boldsymbol{x}, \boldsymbol{\lambda}^*) \tag{4.14}$$

Die Bedeutung des Sattelpunktes wird in Abb. 4.4 für den zweidimensionalen Fall ($n = m = 1$) veranschaulicht.

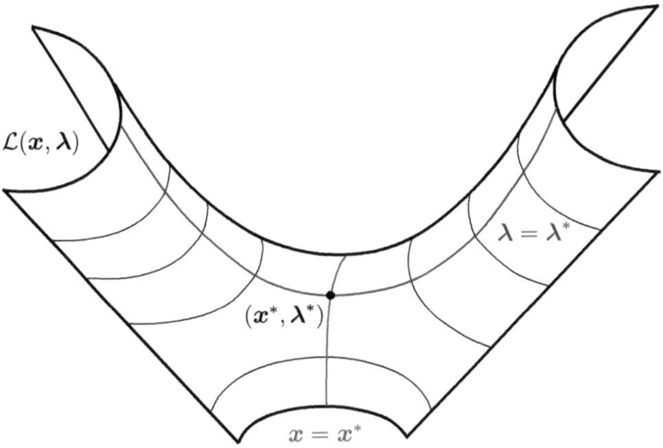

Abbildung 4.4: Sattelpunkt der LAGRANGE-Funktion

Die KKT kann dann als Sattelpunktbedingung interpretiert werden:

> *Seien $f(\boldsymbol{x})$ sowie $\boldsymbol{a}(\boldsymbol{x})$ und $\boldsymbol{c}_I(\boldsymbol{x})$ mindestens einmal stetig differenzierbare Funktionen über $\mathbb{R}^n$ und der zulässige Bereich $\mathbb{X} = \{\boldsymbol{x} \in \mathbb{R}^n \mid \boldsymbol{c}_I(\boldsymbol{x}) \geq \boldsymbol{0} \ ; \ \boldsymbol{a}(\boldsymbol{x}) = \boldsymbol{0}\}$ eine konvexe Menge. Das Optimierungsproblem sei konvex und regulär in $\bar{\boldsymbol{x}} \in \mathbb{X}$.*
> *Dann ist $\bar{\boldsymbol{x}}$ genau dann globaler Minimalpunkt von f über $\mathbb{X}$, wenn Multiplikatoren $\boldsymbol{\lambda}_E \in \mathbb{R}^{m_E}$ und $\boldsymbol{\lambda}_I \in \mathbb{R}_+^{m_I}$ existieren, sodass die* LAGRANGE-*Funktion $\mathcal{L}(\boldsymbol{x}, \boldsymbol{\lambda}_E, \boldsymbol{\lambda}_I)$ im Punkt $(\bar{\boldsymbol{x}}, \boldsymbol{\lambda}_E, \boldsymbol{\lambda}_I)$ einen Sattelpunkt besitzt.*

Die Sattelpunktbedingung kann durch den Gradienten $\boldsymbol{\nabla}_\Pi \mathcal{L}$ der LAGRANGE-Funktion $\mathcal{L}$

in allen Richtungen $\boldsymbol{\Pi}$ ausgedrückt werden, wenn alle auftretenden Variablen in dem Vektor $\boldsymbol{\Pi}$ zusammengefasst werden.

$$\nabla_{\Pi}\mathcal{L} = \mathbf{0} \tag{4.15}$$

Für Details zum Zusammenhang zwischen der LAGRANGE-Funktion und den Optimierungsbedingungen wird auf [101] verwiesen.

4.3 Innere Punkte Verfahren

Die Nebenbedingungen eines Optimierungsproblems spannen den Bereich der zulässigen Lösungen $\mathbb{X}$ auf. Es muss deshalb bei der Lösung des Optimierungsproblems gewährleistet werden, dass sie innerhalb dieses Bereichs liegt, $\boldsymbol{x} \in \mathbb{X}$. Dies kann durch die Anwendung der Barrierefunktion geschehen.
Betrachtet wird das durch konkave Ungleichungen $\boldsymbol{c}(\boldsymbol{x}) \in \mathbb{R}^m$ restringierte Problem $(\mathcal{P}_c)$.

$$
\begin{aligned}
(\mathcal{P}_c) \qquad & \min f(\boldsymbol{x}) \\
& \boldsymbol{c}(\boldsymbol{x}) \geq \mathbf{0} && (4.16a)\\
& \boldsymbol{x} \in \mathbb{R}^n && (4.16b)
\end{aligned}
$$

An die Stelle der Restriktionen $\boldsymbol{c}(\boldsymbol{x}) \geq \mathbf{0}$ treten Zusatzterme $\Phi_c(\boldsymbol{x}, \mu)$ in der Zielfunktion, die sicherstellen, dass die Lösungskandidaten im Inneren des zulässigen Bereichs liegen.

$$f_\mu(\boldsymbol{x}, \mu) = f(\boldsymbol{x}) + \Phi_c(\boldsymbol{x}, \mu) \tag{4.17}$$

Die Zusatzfunktion $\Phi_c(\boldsymbol{x}, \mu)$ wird derart gewählt, dass sie immer größer wird, je näher der Lösungskandidat $\boldsymbol{x}$ der Bereichsgrenze kommt. Dadurch wird erreicht, dass die Zielfunktion im Innern des Bereichs möglichst wenig verfälscht wird, die $\boldsymbol{x}$ aber den Bereich nicht verlassen können. Das bedeutet, dass die Funktion $\Phi_c(\boldsymbol{x}, \mu)$ gegen unendlich strebt, wenn mindestens eine der Ungleichungen $c_i(\boldsymbol{x})$ aktiv wird, $c_i(\boldsymbol{x}) = 0$.

$$
\begin{aligned}
\forall \boldsymbol{x} \in int(\mathbb{X}): \quad \Phi_c(\boldsymbol{x}, \mu) &< \infty && (4.18)\\
\lim_{\boldsymbol{x} \to ext(\mathbb{X})} \Phi_c(\boldsymbol{x}, \mu) &= \infty && (4.19)
\end{aligned}
$$

Funktionen mit diesen Eigenschaften werden Barrierefunktionen genannt. Ein geeigneter klassischer Ansatz, der diese Bedingungen erfüllt, ist die logarithmische Barrierefunktion.

$$\Phi_c(\boldsymbol{x}, \mu) = -\mu \sum_{i=1}^{m} \log\left(c_i(\boldsymbol{x})\right) \tag{4.20}$$

Die Nebenbedingungen werden derart aufgeweicht, dass sie nicht mehr aktiv werden können. An die Stelle des Problems $(\mathcal{P}_c)$ tritt das weniger stark restringierte Problem $(\mathcal{P}_{c,\mu})$.

$$
\begin{aligned}
(\mathcal{P}_{c,\mu}) \qquad & \min f_\mu(\boldsymbol{x}) = f(\boldsymbol{x}) - \mu \sum_{i=1}^{m} \log\left(c_i(\boldsymbol{x})\right) \\
& \boldsymbol{c}(\boldsymbol{x}) > \mathbf{0} && (4.21a)\\
& \boldsymbol{x} \in \mathbb{R}^n && (4.21b)
\end{aligned}
$$

Für dieses Problem kann für jeden Wert des Barriereparameters μ die Lösung $\bar{\boldsymbol{x}}(\mu)$ bestimmt werden. Ist $f_\mu(\boldsymbol{x}, \mu)$ für alle $\mu > 0$ streng konvex auf $int(\mathbb{X})$ und ist die Menge $\mathbb{X}_{opt}$ der optimalen Lösungen beschränkt, so existiert ein eindeutiger Minimierer $\bar{\boldsymbol{x}}(\mu)$. Das zugehörige vom Schrankenparameter μ abhängige Minimum des Problems $(\mathcal{P}_{c,\mu})$ bezeichnet man auch als analytisches Zentrum des Bereichs $B = \{\boldsymbol{x} \in int(X) \mid f(\boldsymbol{x}) \leq f(\bar{\boldsymbol{x}}(\mu))\}$.
Da bei Ansetzen einer Nullfolge für den Schrankenparameter der Einfluss der Zusatzfunktion abnimmt, wird dann diese Menge B immer kleiner und der Minimierer $\bar{\boldsymbol{x}}(\mu)$ nähert sich dem Optimalwert des ursprünglichen Problems $(\mathcal{P}_c)$ immer weiter an. Um diese Annäherung des Minimierers an die Optimallösung zu beschreiben, definiert man den zentralen Pfad $\mathcal{C}$:

$$\mathcal{C}: \ \mu \in (0, \infty[\quad \rightarrow \quad \bar{\boldsymbol{x}}(\mu) \in int(\mathbb{X}) \tag{4.22}$$

Wird für jeden Wert μ die Lösung $\bar{\boldsymbol{x}}(\mu)$ des Problems $(\mathcal{P}_{c,\mu})$ bestimmt, so stellt $\mathcal{C}$ genau die Kurve dar, auf der alle diese Minimierer liegen. Der zentrale Pfad ist demnach eine im strikten Inneren des zulässigen Bereichs $int(\mathbb{X})$ zentriert verlaufende Kurve von Minimierern $\bar{\boldsymbol{x}}(\mu)$ des Barriereproblems $(\mathcal{P}_{c,\mu})$, die sich für $\mu \rightarrow 0$ entlang des zentralen Pfads der Lösungsmenge beliebig annähert.
Der zentrale Pfad eines zweidimensionalen Beispiels mit den Variablen x und y ist veranschaulichend in Abb. 4.3 dargestellt. Die Lösung des Optimierungsproblems mit der Zielfunktion $f(x, y)$ liegt in dem gezeigten Beispiel im Koordinatenursprung.

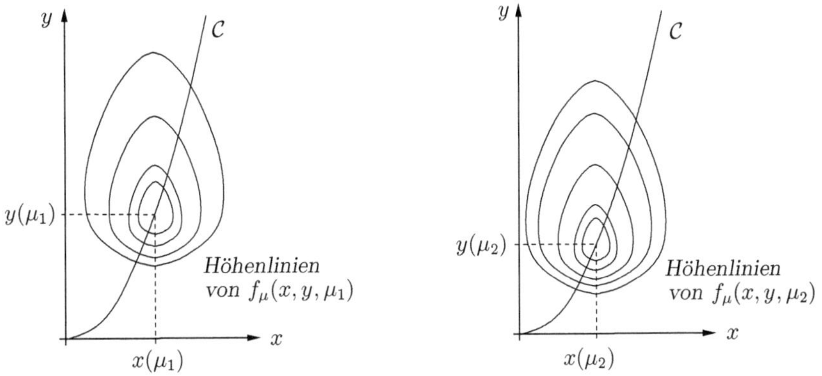

Abbildung 4.5: Höhenlinien von $f_\mu(x, y, \mu_2)$ und $f_\mu(x, y, \mu_1)$ mit $\mu_2 < \mu_1$

Die Innere Punkte Methode eignet sich besonders für reguläre, konvexe Optimierungsprobleme, da dann wie gezeigt die KKT hinreichend ist, und die Sattelpunktbedingung (4.15) auf das Barriereproblem $(\mathcal{P}_{c,\mu})$ angewendet werden kann.

5 Anwendung der Innere Punkte Verfahren für Einspieluntersuchungen

Zur Lösung konvexer nichtlinearer Optimierungsprobleme ist die Innere Punkte Methode weit verbreitet, und sie ist bereits in verschiedenen Software Paketen implementiert worden, wie zum Beispiel IPOPT [88, 128–130], LOQO [13, 42, 122, 124] und KNITRO [19, 132, 143].

Diese Codes haben bereits ihre jeweiligen Fähigkeiten unter Beweis gestellt, wie u.a. in den vergleichenden Studien [14, 80] gezeigt wird. Dennoch sind sie bisher nur selten im Bereich der Direkten Methoden angewendet worden, wie z.B. IPOPT in [85].

Darüber hinaus fanden in den letzten Jahren basierend auf [10, 26] Algorithmen Anwendung im Bereich der Direkten Methoden, die auf *second order cone programming* (SOCP) aufbauen. Dabei wurde vor allem das Programm MOSEK [9] in [17, 60, 70, 118] sowie die Codes SEDUMI [115] und SDPT3 [119] in [84] verwendet.

Eine alternative Möglichkeit zur Verbesserung der numerischen Prozedur besteht darin, nicht die Lösungsstrategie des Optimierungsproblems zu verfeinern sondern die vorgeschaltete Strukturanalyse. Dieser Ansatz wurde vor allem bei Formulierungen verfolgt, die nicht auf der Standard Finite Elemente Methode (FEM) basieren. Beispielsweise wurde in [65] die symmetrische GALERKIN Randelemente Methode verwendet, während in [63] die netzlose, elementfreie GALERKIN-Methode benutzt wurde. Nicht-Standard FEM fanden unter anderem Anwendung in [64, 117] für zellenbasierte geglättete Elemente beziehungsweise für kantenbasierte geglättete Elemente.

In jedem Fall ist die Anwendung geeigneter numerischer Werkzeuge zur Lösung von nichtlinearen Optimierungsproblemen von großer Bedeutung für Berechnungen im Bereich der Direkten Methoden. Da sich außerdem nicht alle Problemklassen von Traglast- und Einspielanalysen als SOCP formulieren lassen und zum Zweck einer verbesserten Leistungsfähigkeit durch auf das spezielle Problem zugeschnittene Lösungsmethoden, wurden mehrere unabhängige Innere Punkte Algorithmen entwickelt, u.a. [58, 61, 91, 92, 125–127].

Fast alle der genannten Arbeiten sind der Traglastanalyse gewidmet, und der Einspielanalyse ist wenig Aufmerksamkeit geschenkt worden. Deshalb ist der Innere Punkte Algorithmus IPDCA in [1, 2, 47] besonders hervorzuheben, der erfolgreich auf Einspielprobleme mit entweder einer oder zwei variierenden Lasten angewendet worden ist. Dieser Algorithmus basiert einerseits auf dem Innere Punkte Verfahren und andererseits auf der DC-Zerlegung, wie sie in [6–8] vorgestellt wird, mit deren Hilfe auch nicht-konvexe Probleme gelöst werden können.

Auf diesem Programm IPDCA fundiert auch die Formulierung des in [107–109] vorgestellten neuen Innere Punkte Algorithmus IPSA, der sich besonders durch eine sehr problemnahe Lösungsstrategie für VON MISES-Materialien auszeichnet. Mit diesem Algorithmus ist auch die Analyse von Einspielproblemen mit mehr als zwei variierenden Lasten möglich.

5.1 Reformulierung des Optimierungsproblems für Einspieluntersuchungen

In Kapitel 3.2.3 wurde mit (3.55) bereits das aus dem Einspieltheorem resultierende Optimierungsproblem $(\mathcal{P}_{IPDCA}^{NL})$ formuliert.

$$
\begin{aligned}
(\mathcal{P}_{IPDCA}^{NL}) \qquad & \max \alpha \\
& \tilde{\boldsymbol{A}} \cdot \boldsymbol{u}^1 + \tilde{\boldsymbol{B}} \cdot \boldsymbol{v} - \alpha\, \boldsymbol{b} = \boldsymbol{0} \\
& \boldsymbol{u}_r^{j+1} = \boldsymbol{u}_r^j - \alpha\, \boldsymbol{\gamma}_r^j \,, \quad \forall r \in [1, NG] \,,\ \forall j \in [1, NC-1] \\
& \left\| \boldsymbol{u}_r^j \right\|_2^2 - 2\, \sigma_{Y,r}^2 \leq 0 \,,\ \forall r \in [1, NG] \,,\ \forall j \in [1, NC] \\
\text{wobei:} \qquad & \boldsymbol{\gamma}_r^j = \boldsymbol{L}^T \cdot \bar{\boldsymbol{T}}^{-1} \cdot \left(\boldsymbol{\sigma}_r^{E,j} - \boldsymbol{\sigma}_r^{E,j+1} \right)
\end{aligned}
$$

Zugunsten einer übersichtlichen Darstellung werden folgende Abkürzungen verwendet.

$$n = (5\,NC + 1) \cdot NG + 1 \tag{5.1}$$

$$m_E = m_E^* + 5NG \cdot (NC - 1) \tag{5.2}$$

$$m_I = NC \cdot NG \tag{5.3}$$

$$m = m_E + m_I \tag{5.4}$$

$$\boldsymbol{x} = \left[\boldsymbol{u}_1^1, \boldsymbol{u}_2^1, \ldots, \boldsymbol{u}_r^j, \ldots, \boldsymbol{u}_{NG}^{NC}, \boldsymbol{v}, \alpha \right]^T \in \mathbb{R}^n \tag{5.5}$$

$$\boldsymbol{c}_I(\boldsymbol{x}) = 2\, \sigma_{Y,r}^2 - \left\| \boldsymbol{u}_r^j \right\|_2^2 \in \mathbb{R}^{m_I} \tag{5.6}$$

Das Problem wird in der abgekürzten Form mit $(\mathcal{P}_{IP})$ bezeichnet. Es besteht aus m_E Gleichungsrestriktionen (5.7a), m_I Ungleichungsrestriktionen (5.7b) und n Variablen, die im Lösungsvektor $\boldsymbol{x}$ zusammen gefasst werden.

$$
\begin{aligned}
(\mathcal{P}_{IP}) \qquad & \min f(\boldsymbol{x}) = -\alpha \\
& \boldsymbol{A} \cdot \boldsymbol{x} = \boldsymbol{0} && \text{(5.7a)} \\
& \boldsymbol{c}_I(\boldsymbol{x}) \geq \boldsymbol{0} && \text{(5.7b)} \\
& \boldsymbol{x} \in \mathbb{R}^n && \text{(5.7c)}
\end{aligned}
$$

Die Koeffizientenmatrix $\boldsymbol{A} \in \mathbb{R}^{m_E \times n}$ in (5.7a) ist in Abb. 5.1 schematisch dargestellt.

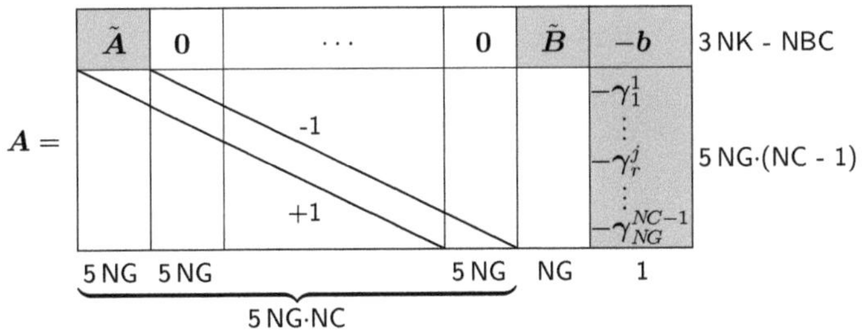

Abbildung 5.1: Schematische Darstellung der Matrix $\boldsymbol{A}$

Die Zielfunktion des Optimierungsproblems $f(\boldsymbol{x}) = -\alpha$ und die Gleichungsrestriktionen sind linear, und die Ungleichungsrestriktionen, die die Fließbedingung repräsentieren, sind nichtlinear konkav.
Da die Gleichungsrestriktionen außerdem affin-linear sind und mindestens ein innerer Punkt $\hat{\boldsymbol{x}}$ mit der folgenden Eigenschaft existiert, ist die SLATER-Bedingung erfüllt.

$$\boldsymbol{A} \cdot \hat{\boldsymbol{x}} = \boldsymbol{0} \qquad \wedge \qquad \boldsymbol{c}_I(\hat{\boldsymbol{x}}) > \boldsymbol{0} \tag{5.8}$$

Das Optimierungsproblem ist deshalb konvex und regulär.

5.2 Das Karush-Kuhn-Tucker-System des Einspielproblems

Bevor die KKT auf das aus dem Einspieltheorem resultierende Optimierungsproblem angewendet wird, wird das Problem $(\mathcal{P}_{IP})$ noch durch Einführen der Schlupfvariablen $\boldsymbol{y}, \boldsymbol{z}$ und $\boldsymbol{w}$ modifiziert.

$$(\mathcal{P}_{IP})^* \qquad \min f(\boldsymbol{x})$$

$$\boldsymbol{A} \cdot \boldsymbol{x} = \boldsymbol{0} \tag{5.9a}$$

$$\boldsymbol{c}_I(\boldsymbol{x}) - \boldsymbol{w} = \boldsymbol{0} \tag{5.9b}$$

$$\boldsymbol{x} - \boldsymbol{y} + \boldsymbol{z} = \boldsymbol{0} \tag{5.9c}$$

$$\boldsymbol{w} \geq \boldsymbol{0},\ \boldsymbol{y} \geq \boldsymbol{0},\ \boldsymbol{z} \geq \boldsymbol{0} \tag{5.9d}$$

Durch das Einführen der Schlupfvariablen $\boldsymbol{w}$ werden die Ungleichungsrestriktionen (5.7b) des ursprünglichen Systems $(\mathcal{P}_{IP})$ in die Gleichungsrestriktionen (5.9b) überführt. Die Variablen $\boldsymbol{y}$ und $\boldsymbol{z}$ sind erforderlich, um die freie Variable $\boldsymbol{x} \in \mathbb{R}^n$ in (5.7c) zu beherrschen. Die Unbeschränktheit des Lösungsvektors kann ansonsten zu numerischen Instabilitäten führen, wie sie in [79, 123] beschrieben werden.
Die daraus resultierenden Ungleichungen für die Schlupfvariablen (5.9d) werden wie in Kapitel 4.3 als Zusatzterme in die Zielfunktion injiziert. Die Zielfunktion $f(\boldsymbol{x})$ geht dadurch in die Barrierefunktion $f_\mu(\boldsymbol{x}, \boldsymbol{y}, \boldsymbol{z}, \boldsymbol{w})$ über.

$$f_\mu(\boldsymbol{x}, \boldsymbol{y}, \boldsymbol{z}, \boldsymbol{w}) = f(\boldsymbol{x}) - \mu \left[\sum_{i=1}^{n} \log(y_i) + \sum_{i=1}^{n} \log(z_i) + \sum_{j=1}^{m_I} \log(w_j) \right] \tag{5.10}$$

Das Problem kann dann wie folgt formuliert werden.

$$(\mathcal{P}_\mu) \qquad \min f_\mu(\boldsymbol{x}, \boldsymbol{y}, \boldsymbol{z}, \boldsymbol{w})$$

$$\boldsymbol{A} \cdot \boldsymbol{x} = \boldsymbol{0} \tag{5.11a}$$

$$\boldsymbol{c}_I(\boldsymbol{x}) - \boldsymbol{w} = \boldsymbol{0} \tag{5.11b}$$

$$\boldsymbol{x} - \boldsymbol{y} + \boldsymbol{z} = \boldsymbol{0} \tag{5.11c}$$

$$\boldsymbol{w} > \boldsymbol{0},\ \boldsymbol{y} > \boldsymbol{0},\ \boldsymbol{z} > \boldsymbol{0} \tag{5.11d}$$

Die zugehörige LAGRANGE-Funktion kann in der folgenden Form angegeben werden.

$$\mathcal{L} = f_\mu(\boldsymbol{x}, \boldsymbol{y}, \boldsymbol{z}, \boldsymbol{w}) - \boldsymbol{\lambda}_E \cdot (\boldsymbol{A} \cdot \boldsymbol{x}) - \boldsymbol{\lambda}_I \cdot (\boldsymbol{c}_I(\boldsymbol{x}) - \boldsymbol{w}) - \boldsymbol{s} \cdot (\boldsymbol{x} - \boldsymbol{y} + \boldsymbol{z}), \tag{5.12}$$

wobei $\boldsymbol{\lambda}_E \in \mathbb{R}^{m_E}$, $\boldsymbol{\lambda}_I \in \mathbb{R}_+^{m_I}$ und $\boldsymbol{s} \in \mathbb{R}_+^n$ die LAGRANGE-Multiplikatoren sind. Da es sich um ein reguläres konvexes Optimierungsproblem handelt, ist die Sattelpunktbedingung (4.15) hinreichend für die Lösung des Problems.

$$\boldsymbol{\nabla}_x \mathcal{L} = \boldsymbol{\nabla}_x f(\boldsymbol{x}) - \boldsymbol{A}^T \cdot \boldsymbol{\lambda}_E - \boldsymbol{C}_I^T(\boldsymbol{x}) \cdot \boldsymbol{\lambda}_I - \boldsymbol{s} = \boldsymbol{0} \tag{5.13a}$$

$$\boldsymbol{\nabla}_y \mathcal{L} = -\mu \, \boldsymbol{Y}^{-1} \cdot \boldsymbol{e} + \boldsymbol{s} = \boldsymbol{0} \tag{5.13b}$$

$$\boldsymbol{\nabla}_z \mathcal{L} = -\mu \, \boldsymbol{Z}^{-1} \cdot \boldsymbol{e} - \boldsymbol{s} = \boldsymbol{0} \tag{5.13c}$$

$$\boldsymbol{\nabla}_w \mathcal{L} = -\mu \, \boldsymbol{W}^{-1} \cdot \boldsymbol{e} + \boldsymbol{\lambda}_I = \boldsymbol{0} \tag{5.13d}$$

$$\boldsymbol{\nabla}_{\lambda_E} \mathcal{L} = -\left(\boldsymbol{A} \cdot \boldsymbol{x}\right) = \boldsymbol{0} \tag{5.13e}$$

$$\boldsymbol{\nabla}_{\lambda_I} \mathcal{L} = -\left(\boldsymbol{c}_I(\boldsymbol{x}) - \boldsymbol{w}\right) = \boldsymbol{0} \tag{5.13f}$$

$$\boldsymbol{\nabla}_s \mathcal{L} = -\left(\boldsymbol{x} - \boldsymbol{y} + \boldsymbol{z}\right) = \boldsymbol{0} \tag{5.13g}$$

$$\text{wobei:} \quad \boldsymbol{C}_I(\boldsymbol{x}) = \boldsymbol{c}_I(\boldsymbol{x}) \boldsymbol{\nabla}_x \ \in \mathbb{R}^{m_I \times n} \tag{5.13h}$$

Hier und im Folgenden bezeichnen wir den Einsvektor in passender Dimension mit $\boldsymbol{e} = [1, 1, \ldots, 1]^T$ und die Matrizen $\boldsymbol{Y} = diag(y_i) \in \mathbb{R}^{n \times n}$, $\boldsymbol{Z} = diag(z_i) \in \mathbb{R}^{n \times n}$ und $\boldsymbol{W} = diag(w_j) \in \mathbb{R}^{m_I \times m_I}$.

Um während der Iteration Konsistenz zu gewährleisten, wird die neue Variable $\boldsymbol{r}$ in die Gleichung (5.13c) eingeführt, wie es in [1] vorgeschlagen wird. Da beide Variablen $\boldsymbol{r}$ und $\boldsymbol{s}$ per Definition komponentenweise nicht-negativ sein müssen, werden sie dadurch im Iterationsverlauf gezwungenermaßen zu Nullfolgen.

$$\boldsymbol{r} = -\boldsymbol{s} \tag{5.14}$$

Desweiteren werden die drei Gleichungen (5.13b)–(5.13d) mit den Matrizen $\boldsymbol{Y}$, $\boldsymbol{Z}$ und $\boldsymbol{W}$ multipliziert. Wie zuvor definieren wir $\boldsymbol{S} = diag(s_i)$, $\boldsymbol{R} = diag(r_i)$ und $\boldsymbol{\Lambda}_I = diag(\lambda_{I,j})$.

$$-\mu \, \boldsymbol{e} + \boldsymbol{Y} \cdot \boldsymbol{S} \cdot \boldsymbol{e} = \boldsymbol{0} \tag{5.15a}$$

$$-\mu \, \boldsymbol{e} + \boldsymbol{Z} \cdot \boldsymbol{R} \cdot \boldsymbol{e} = \boldsymbol{0} \tag{5.15b}$$

$$-\mu \, \boldsymbol{e} + \boldsymbol{W} \cdot \boldsymbol{\Lambda}_I \cdot \boldsymbol{e} = \boldsymbol{0} \tag{5.15c}$$

Unter Berücksichtigung von (4.12a) ist ersichtlich, dass es sich bei diesen Gleichungen um die Bedingungen für komplementären Schlupf eines durch den Barriereparameter μ gestörten Systems handelt. Das resultierende System der Optimierungsbedingungen kann in der Funktion $\boldsymbol{F}_\mu(\boldsymbol{\Pi})$ zusammen gefasst werden, wobei $\boldsymbol{\Pi} = [\boldsymbol{x}, \boldsymbol{y}, \boldsymbol{z}, \boldsymbol{w}, \boldsymbol{\lambda}_E, \boldsymbol{\lambda}_I, \boldsymbol{s}, \boldsymbol{r}]^T$ der Vektor aller auftretenden Variablen ist.

$$\boldsymbol{F}_\mu(\boldsymbol{\Pi}) = -\boldsymbol{\nabla}_\Pi \mathcal{L} = -\begin{pmatrix} -\boldsymbol{\nabla}_x f(\boldsymbol{x}) + \boldsymbol{A}^T \cdot \boldsymbol{\lambda}_E + \boldsymbol{C}_I^T(\boldsymbol{x}) \cdot \boldsymbol{\lambda}_I + \boldsymbol{s} \\ \mu \, \boldsymbol{e} - \boldsymbol{Y} \cdot \boldsymbol{S} \cdot \boldsymbol{e} \\ \mu \, \boldsymbol{e} - \boldsymbol{Z} \cdot \boldsymbol{R} \cdot \boldsymbol{e} \\ \mu \, \boldsymbol{e} - \boldsymbol{W} \cdot \boldsymbol{\Lambda}_I \cdot \boldsymbol{e} \\ \boldsymbol{A} \cdot \boldsymbol{x} \\ \boldsymbol{c}_I(\boldsymbol{x}) - \boldsymbol{w} \\ \boldsymbol{x} - \boldsymbol{y} + \boldsymbol{z} \\ \boldsymbol{r} + \boldsymbol{s} \end{pmatrix} = \boldsymbol{0} \tag{5.16}$$

5.3 Lösung des Gleichungssystems

Das nichtlineare Gleichungssystem (5.16) wird mithilfe des NEWTON-Verfahrens gelöst. Die Schrittwerte $\Delta\boldsymbol{\Pi}_k$ im Iterationsschritt $k+1$ werden aus den im vorherigen Iterationsschritt k bestimmten Werten $\boldsymbol{\Pi}_k$ berechnet.

$$\boldsymbol{J}(\boldsymbol{\Pi}_k)\cdot\Delta\boldsymbol{\Pi}_k = -\boldsymbol{\nabla}_{\Pi}\mathcal{L}(\boldsymbol{\Pi}_k) \tag{5.17}$$

$$\text{wobei:}\quad \boldsymbol{J}(\boldsymbol{\Pi}_k) = \boldsymbol{\nabla}_{\Pi}\mathcal{L}(\boldsymbol{\Pi})\,\boldsymbol{\nabla}_{\Pi}\Big|_{\boldsymbol{\Pi}=\boldsymbol{\Pi}_k}$$

Die JACOBI-Matrix $\boldsymbol{J}(\boldsymbol{\Pi})$ der Funktion $\boldsymbol{F}_\mu(\boldsymbol{\Pi})$ aus (5.16) kann wie folgt ausgedrückt werden, wobei im Folgenden zugunsten einer übersichtlichen Darstellung auf die Indizierung mit tiefgestelltem k verzichtet wird.

$$\boldsymbol{J}(\boldsymbol{\Pi}) = \begin{pmatrix} \boldsymbol{\nabla}_x^2\mathcal{L} & \boldsymbol{0} & \boldsymbol{0} & \boldsymbol{0} & -\boldsymbol{A}^T & -\boldsymbol{C}_I^T(\boldsymbol{x}) & -\boldsymbol{I}_n & \boldsymbol{0} \\ \boldsymbol{0} & \boldsymbol{S} & \boldsymbol{0} & \boldsymbol{0} & \boldsymbol{0} & \boldsymbol{0} & \boldsymbol{Y} & \boldsymbol{0} \\ \boldsymbol{0} & \boldsymbol{0} & \boldsymbol{R} & \boldsymbol{0} & \boldsymbol{0} & \boldsymbol{0} & \boldsymbol{0} & \boldsymbol{Z} \\ \boldsymbol{0} & \boldsymbol{0} & \boldsymbol{0} & \boldsymbol{\Lambda}_I & \boldsymbol{0} & \boldsymbol{W} & \boldsymbol{0} & \boldsymbol{0} \\ -\boldsymbol{A} & \boldsymbol{0} & \boldsymbol{0} & \boldsymbol{0} & \boldsymbol{0} & \boldsymbol{0} & \boldsymbol{0} & \boldsymbol{0} \\ -\boldsymbol{C}_I(\boldsymbol{x}) & \boldsymbol{0} & \boldsymbol{0} & \boldsymbol{I}_{m_I} & \boldsymbol{0} & \boldsymbol{0} & \boldsymbol{0} & \boldsymbol{0} \\ -\boldsymbol{I}_n & \boldsymbol{I}_n & -\boldsymbol{I}_n & \boldsymbol{0} & \boldsymbol{0} & \boldsymbol{0} & \boldsymbol{0} & \boldsymbol{0} \\ \boldsymbol{0} & \boldsymbol{0} & \boldsymbol{0} & \boldsymbol{0} & \boldsymbol{0} & \boldsymbol{0} & -\boldsymbol{I}_n & -\boldsymbol{I}_n \end{pmatrix} \tag{5.18}$$

Das Gleichungssystem wird durch sukzessive Elimination solcher Gleichungen kondensiert, die Diagonalmatrizen enthalten, welche trivialerweise invertierbar sind. Die folgenden Variablen werden durch Substitution eliminiert.

$$\Delta\boldsymbol{s} = -\boldsymbol{E}_1\cdot\boldsymbol{b}_1 - \boldsymbol{E}_1\cdot\Delta\boldsymbol{x} \tag{5.19}$$
$$\Delta\boldsymbol{y} = \mu\,\boldsymbol{S}^{-1}\cdot\boldsymbol{e} - \boldsymbol{y} - \boldsymbol{Y}\cdot\boldsymbol{S}^{-1}\cdot\Delta\boldsymbol{s} \tag{5.20}$$
$$\Delta\boldsymbol{r} = -\boldsymbol{r} - \boldsymbol{s} - \Delta\boldsymbol{s} \tag{5.21}$$
$$\Delta\boldsymbol{z} = \mu\,\boldsymbol{R}^{-1}\cdot\boldsymbol{e} - \boldsymbol{z} - \boldsymbol{Z}\cdot\boldsymbol{R}^{-1}\cdot\Delta\boldsymbol{r} \tag{5.22}$$
$$\Delta\boldsymbol{w} = \mu\,\boldsymbol{\Lambda}_I^{-1}\cdot\boldsymbol{e} - \boldsymbol{w} - \boldsymbol{E}_2\cdot\Delta\boldsymbol{\lambda}_I \tag{5.23}$$
$$\text{wobei:}\quad \boldsymbol{b}_1 = \boldsymbol{x} + \boldsymbol{z} + \mu\left(\boldsymbol{R}^{-1} - \boldsymbol{S}^{-1}\right)\cdot\boldsymbol{e} + \boldsymbol{R}^{-1}\cdot\boldsymbol{Z}\cdot\boldsymbol{s} \tag{5.24}$$
$$\boldsymbol{E}_1 = \left(\boldsymbol{S}^{-1}\cdot\boldsymbol{Y} + \boldsymbol{R}^{-1}\cdot\boldsymbol{Z}\right)^{-1} \tag{5.25}$$
$$\boldsymbol{E}_2 = \boldsymbol{W}\cdot\boldsymbol{\Lambda}_I^{-1} \tag{5.26}$$

Das kondensierte System ist gegeben durch:

$$\begin{pmatrix} -\left(\boldsymbol{\nabla}_x^2\mathcal{L} + \boldsymbol{E}_1\right) & \boldsymbol{A}^T & \boldsymbol{C}_I^T(\boldsymbol{x}) \\ \boldsymbol{A} & \boldsymbol{0} & \boldsymbol{0} \\ \boldsymbol{C}_I(\boldsymbol{x}) & \boldsymbol{0} & \boldsymbol{E}_2 \end{pmatrix}\cdot\begin{pmatrix} \Delta\boldsymbol{x} \\ \Delta\boldsymbol{\lambda}_E \\ \Delta\boldsymbol{\lambda}_I \end{pmatrix} = \begin{pmatrix} \boldsymbol{d}_1 \\ \boldsymbol{d}_2 \\ \boldsymbol{d}_3 \end{pmatrix} \tag{5.27}$$

Die rechte Seite dieses Systems ergibt sich wie folgt.

$$\boldsymbol{d}_1 = \boldsymbol{\nabla}_x f(\boldsymbol{x}) - \boldsymbol{A}^T \cdot \boldsymbol{\lambda}_E - \boldsymbol{C}_I^T(\boldsymbol{x}) \cdot \boldsymbol{\lambda}_I - \boldsymbol{s} + \boldsymbol{E}_1 \cdot \boldsymbol{b}_1 \tag{5.28a}$$

$$\boldsymbol{d}_2 = -\boldsymbol{A} \cdot \boldsymbol{x} \tag{5.28b}$$

$$\boldsymbol{d}_3 = -\boldsymbol{c}_I(\boldsymbol{x}) + \mu\, \boldsymbol{\Lambda}_I^{-1} \cdot \boldsymbol{e} \tag{5.28c}$$

Unter Berücksichtigung der Definition (5.12) der LAGRANGE-Funktion $\mathcal{L}$ und ihres Gradienten $\boldsymbol{\nabla}_x \mathcal{L}$ nach $\boldsymbol{x}$ in (5.13a) sowie der Tatsache, dass die Zielfunktion $f(\boldsymbol{x})$ linear ist, lässt sich die HESSE-Matrix $\boldsymbol{\nabla}_x^2 \mathcal{L}$ nach $\boldsymbol{x}$ folgendermaßen angeben.

$$\boldsymbol{\nabla}_x^2 \mathcal{L} = -\boldsymbol{\nabla}_x^2 \left(\boldsymbol{c}_I(\boldsymbol{x}) \cdot \boldsymbol{\lambda}_I\right) = -\sum_{k=1}^{m_I} \left(\boldsymbol{\nabla}_x^2\, c_{I,k}(\boldsymbol{x})\right) \lambda_{I,k} =: \boldsymbol{Q}_I(\boldsymbol{\lambda}_I) \tag{5.29}$$

In [1, 2] wird auf Basis von [6–8] eine DC-Zerlegung durchgeführt, wodurch die Zielfunktion $f(\boldsymbol{x})$ in zwei konvexe Funktionen $g(\boldsymbol{x})$ und $h(\boldsymbol{x})$ zerlegt wird, $f = g - h$. Daraufhin wird der konkave Anteil $-h$ linearisiert. Entsprechend wird dort die HESSE-Matrix $\boldsymbol{\nabla}_x^2 \mathcal{L}$ der LAGRANGE-Funktion nach $\boldsymbol{x}$ mit $\boldsymbol{G}(\boldsymbol{x})$ angegeben, obwohl diese Abhängigkeit von $\boldsymbol{x}$ für Einspielprobleme nicht vorhanden ist.
Setzt man außerdem die Fließbedingung nach VON MISES (5.6) voraus und verwendet die Formulierung (3.55) für das Optimierungsproblem ($\mathcal{P}_{IPDCA}^{NL}$), dann ist die Matrix $\boldsymbol{Q}_I(\boldsymbol{\lambda}_I) \in \mathbb{R}^n$ nur im Bereich $i, j \in [1, 5\, m_I]$ besetzt, während im Bereich $i, j \in [5\, m_I, n]$ alle Einträge null sind. Bei dieser Formulierung befinden sich alle Einträge, die nicht null sind, auf der Hauptdiagonalen. Sie können wie folgt berechnet werden.

$$\mathsf{for}\,(i \in [1, m_I]) : \left\{ \mathsf{for}\,(j \in [1, 5]) : \quad \boldsymbol{Q}_I[5\, i + j] = 2\, \boldsymbol{\lambda}_I[i] \right\} \tag{5.30}$$

Mit den Gleichungen (5.16) und (5.17)–(5.29) ist das zu lösende linearisierte Gleichungssystem eindeutig definiert. Um die Schreibweise zu vereinfachen, wird nun noch wie folgt zusammen gefasst.

$$^*\boldsymbol{A} = \begin{pmatrix} \boldsymbol{A} \\ \boldsymbol{C}_I(\boldsymbol{x}) \end{pmatrix} \in \mathbb{R}^{m \times n} \qquad ^*\boldsymbol{A}^T = \left[\boldsymbol{A}^T \,\middle|\, \boldsymbol{C}_I(\boldsymbol{x})\right] \in \mathbb{R}^{n \times m} \tag{5.31a}$$

$$^*\boldsymbol{F} = \begin{pmatrix} \boldsymbol{0} & \boldsymbol{0} \\ \boldsymbol{0} & \boldsymbol{E}_2 \end{pmatrix} \in \mathbb{R}^{m \times m} \qquad ^*\boldsymbol{E} = -\left[\boldsymbol{Q}_I(\boldsymbol{\lambda}_I) + \boldsymbol{E}_1\right] \in \mathbb{R}^{n \times n} \tag{5.31b}$$

$$^*\boldsymbol{d}_2 = \begin{pmatrix} \boldsymbol{d}_2 \\ \boldsymbol{d}_3 \end{pmatrix} \in \mathbb{R}^{m} \qquad \Delta\boldsymbol{\lambda} = \begin{pmatrix} \Delta\boldsymbol{\lambda}_E \\ \Delta\boldsymbol{\lambda}_I \end{pmatrix} \in \mathbb{R}^{m} \tag{5.31c}$$

Dieses Zusammenfassen führt auf das folgende System.

$$\begin{pmatrix} -{}^*\boldsymbol{E} & ^*\boldsymbol{A}^T \\ ^*\boldsymbol{A} & ^*\boldsymbol{F} \end{pmatrix} \cdot \begin{pmatrix} \Delta\boldsymbol{x} \\ \Delta\boldsymbol{\lambda} \end{pmatrix} = \begin{pmatrix} \boldsymbol{d}_1 \\ ^*\boldsymbol{d}_2 \end{pmatrix} \tag{5.32}$$

5.3.1 Regularisierung des Gleichungssystems

Um das linearisierte Gleichungssystem (5.32) mithilfe einer CHOLESKY-Zerlegung lösen zu können, müssen die beteiligten Matrizen bestimmten Anforderungen genügen. Um diese untersuchen zu können, werden in Anlehnung an [121] die folgenden Begriffe definiert:

- Eine symmetrische Matrix $\boldsymbol{K}$ wird als *quasidefinit* bezeichnet, wenn sie die folgende Form aufweist:

$$\boldsymbol{K} = \begin{pmatrix} -\bar{\boldsymbol{E}} & \bar{\boldsymbol{A}}^T \\ \bar{\boldsymbol{A}} & \bar{\boldsymbol{F}} \end{pmatrix} \tag{5.33}$$

wobei: $\bar{\boldsymbol{E}} \in \mathbb{R}^{n \times n}$, $\bar{\boldsymbol{F}} \in \mathbb{R}^{n \times n}$: positiv definit
$\bar{\boldsymbol{A}} \in \mathbb{R}^{m \times n}$: voller Rang

- Eine symmetrische Matrix $\boldsymbol{K}$ heißt *faktorisierbar*, wenn eine Diagonalmatrix $\boldsymbol{D}$ und eine untere Dreiecksmatrix $\boldsymbol{L}$ existieren, sodass:

$$\boldsymbol{K} = \boldsymbol{L} \cdot \boldsymbol{D} \cdot \boldsymbol{L}^T \tag{5.34}$$

- Eine symmetrische Matrix $\boldsymbol{K}$ heißt *stark faktorisierbar*, wenn darüber hinaus für jede Permutationsmatrix $\boldsymbol{P}$ eine Faktorisierung existiert, sodass:

$$\boldsymbol{P} \cdot \boldsymbol{K} \cdot \boldsymbol{P}^T = \boldsymbol{L} \cdot \boldsymbol{D} \cdot \boldsymbol{L}^T \tag{5.35}$$

In [121] zeigt VANDERBEI, dass jede quasidefinite Matrix $\boldsymbol{K}$ stark faktorisierbar ist. Entsprechend ist für jede symmetrische Matrix $\boldsymbol{K}$, die in der Form (5.33) angegeben werden kann, eine CHOLESKY-Zerlegung möglich. Wenn die kinematischen Randbedingungen berücksichtigt werden und die zugehörigen Nullzeilen gestrichen werden, dann hat die Matrix $^*\boldsymbol{A}$ vollen Rang. Weitere Anforderungen werden an diese Matrix nicht gestellt.
Kann darüber hinaus sicher gestellt werden, dass die beiden Matrizen $^*\boldsymbol{E}$ und $^*\boldsymbol{F}$ in (5.32) positiv definit sind, dann ist die Koeffizientenmatrix $\boldsymbol{M}$ des Systems stark faktorisierbar. Ansonsten kann die Matrix $\boldsymbol{M}$ derart gestört werden, dass die modifizierte Matrix $\tilde{\boldsymbol{M}}$ dieser Bedingung genügt. Dafür werden die primale und die duale Regularisierungsmatrix $\boldsymbol{R}_p$ und $\boldsymbol{R}_d$ eingeführt.

$$\tilde{\boldsymbol{M}} = \begin{pmatrix} -^*\boldsymbol{E} & ^*\boldsymbol{A}^T \\ ^*\boldsymbol{A} & ^*\boldsymbol{F} \end{pmatrix} + \begin{pmatrix} -\boldsymbol{R}_p & \boldsymbol{0} \\ \boldsymbol{0} & \boldsymbol{R}_d \end{pmatrix} \tag{5.36}$$

Dabei sind die Regularisierungsmatrizen $\boldsymbol{R}_p$ und $\boldsymbol{R}_d$ diagonal, und die Zahlenwerte müssen groß genug sein, damit die gestörten Matrizen $(^*\boldsymbol{E} + \boldsymbol{R}_p)$ und $(^*\boldsymbol{F} + \boldsymbol{R}_d)$ auch unter Berücksichtigung von Rundungsfehlern garantiert positiv definit sind. Andererseits sollten die Zahlenwerte so klein wie möglich gewählt werden, damit der Einfluss der Störgrößen nicht zu groß wird.
Es existieren verschiedene Ansätze zur Regularisierung [5, 42, 102, 103]. SAUNDERS und TOMLIN führen in [102, 103] die Matrizen $\boldsymbol{R}_p = \gamma^2 \boldsymbol{I}_n$ und $\boldsymbol{R}_d = \delta^2 \boldsymbol{I}_m$ mit festen Werten γ

und δ ein, bevor die Faktorisierung durchgeführt wird. Alternativ können die Regularisierungsmatrizen auch dynamisch während der Faktorisierung angepasst werden, wie in [5] gezeigt. In der Implementierung von IPDCA durch AKOA [1, 2] wird keine primale Regularisierung verwendet. Für die duale Regularisierung verwendet AKOA die folgende vom LAGRANGE-Multiplikator $\boldsymbol{\lambda}_E$ abhängige Formulierung.

$$\text{for}\,(i \in [j, m_E]): \; \boldsymbol{R}_d^E[j] = \max\left\{10^{-6};\; \frac{\boldsymbol{\lambda}_E[j]}{1 + normr}\right\} \tag{5.37}$$

$$\text{wobei:} \quad normr = \max\left\{ \|\boldsymbol{A}\cdot\boldsymbol{x}\|_\infty;\; |c_{I,i}(\boldsymbol{x})| \; falls \;\; c_{I,i}(\boldsymbol{x}) < 0\right\}$$

Das regularisierte System ist dann gegeben durch:

$$\begin{pmatrix} -(\boldsymbol{Q}_I + \boldsymbol{E}_1) & \boldsymbol{A}^T & \boldsymbol{C}_I^T(\boldsymbol{x}) \\ \boldsymbol{A} & \boldsymbol{R}_d^E & \boldsymbol{0} \\ \boldsymbol{C}_I(\boldsymbol{x}) & \boldsymbol{0} & \boldsymbol{E}_2 \end{pmatrix} \cdot \begin{pmatrix} \Delta\boldsymbol{x} \\ \Delta\boldsymbol{\lambda}_E \\ \Delta\boldsymbol{\lambda}_I \end{pmatrix} = \begin{pmatrix} \boldsymbol{d}_1 \\ \boldsymbol{d}_2 \\ \boldsymbol{d}_3 \end{pmatrix} \tag{5.38}$$

Da alle Ungleichungsrestriktionen $c_{I,k}(\boldsymbol{x})$ konkav sind, sind die zugehörigen HESSE-Matrizen $\boldsymbol{\nabla}_x^2 c_{I,k}(\boldsymbol{x})$ per Definition negativ semidefinit. Das gilt auch bei Multiplikation mit $\lambda_{I,k}$, da diese LAGRANGE-Multiplikatoren nicht-negativ sein müssen. Die Matrix $\boldsymbol{Q}_I$ wird nach (5.29) aus den negativen HESSE-Matrizen $-\boldsymbol{\nabla}_x^2 c_{I,k}(\boldsymbol{x})$ zusammen gesetzt und muss daher positiv semidefinit sein.

Die Multiplikatoren $\boldsymbol{r}$ und $\boldsymbol{s}$ sowie die Schlupfvariablen $\boldsymbol{y}$ und $\boldsymbol{z}$ sind a priori positiv. Deshalb sind alle Einträge der Diagonalmatrix $\boldsymbol{E}_1$ nach (5.25) positiv. Daher ist die Matrix $^*\boldsymbol{E}$ auch ohne Einführung einer Störgröße positiv definit, und die primale Regularisierung ist nicht erforderlich. Diese stabilisierende Wirkung ist der Grund für die Einführung der Schlupfvariablen. Allerdings muss bei größer werdenden $\boldsymbol{y}$ und $\boldsymbol{z}$ und gegen null strebenden $\boldsymbol{r}$ und $\boldsymbol{s}$ im Iterationsverlauf gewährleistet sein, dass diese Eigenschaft nicht durch Rundungsfehler beeinträchtigt wird.

Da auch die LAGRANGE-Multiplikatoren $\boldsymbol{\lambda}_I$ und die Schlupfvariablen $\boldsymbol{w}$ positiv sind, ist die Diagonalmatrix $\boldsymbol{E}_2$ nach (5.26) ebenfalls nur mit positiven Werten besetzt. Die duale Regularisierung mit $\boldsymbol{R}_d^E$ in (5.38) ist deshalb ausreichend, um sicher zu stellen, dass die gestörte Matrix positiv definit ist.

5.3.2 Varianten zur Reduktion des Gleichungssystems

Das kondensierte Gleichungssystem (5.27) kann durch Elimination der dritten Zeile und Spalte der Koeffizientenmatrix weiter reduziert werden. Dafür wird $\Delta\boldsymbol{\lambda}_I$ substituiert:

$$\Delta\boldsymbol{\lambda}_I = \boldsymbol{E}_2^{-1} \cdot (\boldsymbol{d}_3 - \boldsymbol{C}_I \cdot \Delta\boldsymbol{x}) \tag{5.39}$$

Nach Substitution von (5.39) in die erste Zeile ergibt sich das folgende System.

$$\begin{pmatrix} -\boldsymbol{H} & \boldsymbol{A}^T \\ \boldsymbol{A} & \boldsymbol{0} \end{pmatrix} \cdot \begin{pmatrix} \Delta\boldsymbol{x} \\ \Delta\boldsymbol{\lambda}_E \end{pmatrix} = \begin{pmatrix} \bar{\boldsymbol{d}}_1 \\ \boldsymbol{d}_2 \end{pmatrix} \tag{5.40}$$

$$\text{wobei:} \quad \boldsymbol{H} = \boldsymbol{Q}_I + \boldsymbol{E}_1 + \boldsymbol{C}_I^T \cdot \boldsymbol{E}_2^{-1} \cdot \boldsymbol{C}_I$$

$$\bar{\boldsymbol{d}}_1 = \boldsymbol{d}_1 - \boldsymbol{C}_I^T \cdot \boldsymbol{E}_2^{-1} \cdot \boldsymbol{d}_3$$

$\boldsymbol{H} =$ 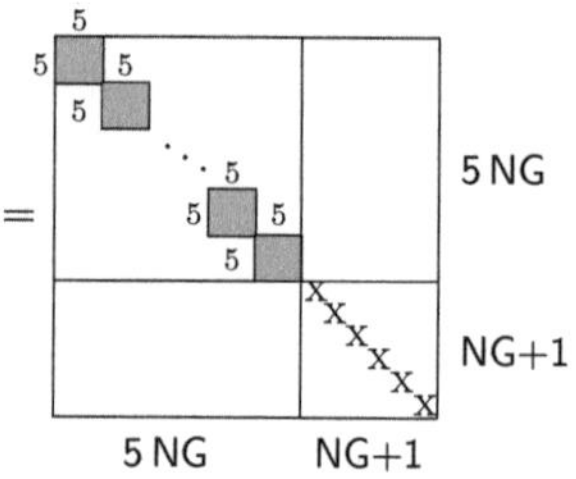

Abbildung 5.2: Belegungsstruktur der Matrix $\boldsymbol{H}$

Die Matrix $\boldsymbol{H}$ ist durch den zusätzlichen Anteil $\boldsymbol{C}_I^T \cdot \boldsymbol{E}_2^{-1} \cdot \boldsymbol{C}_I$ etwas voller belegt als die Diagonalmatrix $^*\boldsymbol{E}$ des ursprünglichen Systems. Im Bereich $i \in [1, 5\,NG]$ umgeben die Einträge die Hauptdiagonale blockweise in 5×5 Blöcken, Abb. 5.2. Da der zusätzliche Term eine quadratische Form hat und die Diagonalmatrix $\boldsymbol{E}_2^{-1}$ ausschließlich positive Werte beinhaltet, ist die Matrix $\boldsymbol{H}$ positiv definit, wenn $^*\boldsymbol{E}$ positiv definit ist.
Wie in Abb. 5.2 gezeigt, befindet sich in der rechten unteren Ecke der Matrix $\boldsymbol{H}$ ein diagonaler Teil $\boldsymbol{H}_{v\alpha}$.

$$\boldsymbol{H} = \begin{pmatrix} \boldsymbol{H}_u & \boldsymbol{0} \\ \boldsymbol{0} & \boldsymbol{H}_{v\alpha} \end{pmatrix}, \qquad \boldsymbol{H}_{v\alpha} \in \mathbb{R}^{(NG+1)\times(NG+1)} \; : \; diag \tag{5.41}$$

Entsprechend werden der Lösungsvektor $\Delta\boldsymbol{x}$ und der Vektor $\bar{\boldsymbol{d}}_1$ der rechten Seite genauso wie die Matrix $\boldsymbol{A}$ in analoger Weise aufgespalten.

$$\Delta\boldsymbol{x} = \begin{pmatrix} \Delta\boldsymbol{u} \\ \Delta\boldsymbol{v}_\alpha \end{pmatrix}, \quad \bar{\boldsymbol{d}}_1 = \begin{pmatrix} \bar{\boldsymbol{d}}_1^u \\ \bar{\boldsymbol{d}}_1^{v\alpha} \end{pmatrix}, \quad \boldsymbol{A} = \left[\boldsymbol{A}_u \middle| \boldsymbol{A}_{v\alpha}\right], \quad \boldsymbol{A}^T = \begin{pmatrix} \boldsymbol{A}_u^T \\ \boldsymbol{A}_{v\alpha}^T \end{pmatrix} \tag{5.42}$$

Mithilfe der Gleichungen (5.41) und (5.42) kann die Variable $\Delta\boldsymbol{v}_\alpha$ eliminiert werden.

$$\Delta\boldsymbol{v}_\alpha = -\boldsymbol{H}_{v\alpha}^{-1} \cdot \left(\bar{\boldsymbol{d}}_1^{v\alpha} - \boldsymbol{A}_{v\alpha}^T \cdot \Delta\boldsymbol{\lambda}_E\right) \tag{5.43}$$

Schließlich erhält man das folgende Gleichungssystem, das in jedem Iterationsschritt gelöst werden muss.

$$\begin{pmatrix} -\boldsymbol{H}_u & \boldsymbol{A}_u^T \\ \boldsymbol{A}_u & \boldsymbol{K} \end{pmatrix} \cdot \begin{pmatrix} \Delta\boldsymbol{u} \\ \Delta\boldsymbol{\lambda}_E \end{pmatrix} = \begin{pmatrix} \bar{\boldsymbol{d}}_1^u \\ \bar{\boldsymbol{d}}_2 \end{pmatrix} \tag{5.44}$$

wobei:
$$\boldsymbol{K}_{v\alpha} = \boldsymbol{A}_{v\alpha} \cdot \boldsymbol{H}_{v\alpha}^{-1} \cdot \boldsymbol{A}_{v\alpha}^T$$
$$\bar{\boldsymbol{d}}_2 = \boldsymbol{d}_2 + \boldsymbol{A}_{v\alpha} \cdot \boldsymbol{H}_{v\alpha}^{-1} \cdot \bar{\boldsymbol{d}}_1^{v\alpha}$$

Es ist bemerkenswert, dass die beschriebenen Umformungen die Dimension des Problems gegenüber der ursprünglichen Formulierung deutlich reduzieren. Darüber hinaus ist die eingeführte Matrix $\boldsymbol{K}_{v\alpha}$ symmetrisch und positiv definit, da es sich um eine quadratische Form mit positiv definiter Diagonalmatrix $\boldsymbol{H}_{v\alpha}^{-1}$ handelt. Außerdem ist bereits gezeigt

worden, dass die Matrix $\boldsymbol{H}_u$ positiv definit ist. Bei dem modifizierten System (5.44) entfällt deshalb sowohl die primale als auch die duale Regularisierung.
Diesen positiven Aspekten steht der Nachteil gegenüber, dass es abhängig von der Struktur der Matrix $\boldsymbol{A}_{v\alpha}$ passieren kann, dass die Matrix $\boldsymbol{K}_{v\alpha}$ relativ dicht besetzt ist. Obwohl die Koeffizientenmatrix von (5.44) auch in diesem Fall insgesamt immer noch dünn besetzt ist, kann die Dichte von $\boldsymbol{K}_{v\alpha}$ zu einer verminderten Effizienz des Lösungsalgorithmus führen. Ob die beschriebenen Umformungen tatsächlich zu einer höheren Leistungsfähigkeit des Lösers führen, ist deshalb abhängig von der Struktur des jeweils betrachteten Problems.

5.4 Modifizierte Formulierung des Optimierungsproblems

Die folgende modifizierte Formulierung des Optimierungsproblems für Einspieluntersuchungen ist bereits in [107, 109] angegeben worden. Die dort vorgeschlagene Modifikation dient zur Reduktion der Dimension des in Kapitel 3.2.3 formulierten Problems $(\mathcal{P}^{NL}_{IPDCA})$.

$$
\begin{aligned}
(\mathcal{P}^{NL}_{IPDCA}) \quad & \max \alpha \\
& \tilde{\boldsymbol{A}} \cdot \boldsymbol{u}^1 + \tilde{\boldsymbol{B}} \cdot \boldsymbol{v} - \alpha\, \boldsymbol{b} = \boldsymbol{0} && (5.45a)\\
& \boldsymbol{u}^{j+1}_r = \boldsymbol{u}^j_r - \alpha\, \boldsymbol{\gamma}^j_r \,, \quad \forall r \in [1, NG] \,,\ \forall j \in [1, NC-1] && (5.45b)\\
& \left\|\boldsymbol{u}^j_r\right\|^2_2 - 2\,\sigma^2_{Y,r} \le 0 \,, \ \forall r \in [1, NG] \,,\ \forall j \in [1, NC] && (5.45c)\\
\text{wobei:} \quad & \boldsymbol{\gamma}^j_r = \boldsymbol{L}^T \cdot \bar{\boldsymbol{T}}^{-1} \cdot \left(\boldsymbol{\sigma}^{E,j}_r - \boldsymbol{\sigma}^{E,j+1}_r\right) && (5.45d)
\end{aligned}
$$

In Gleichung (5.45b) wird der Zusammenhang zwischen den Variablen $\boldsymbol{u}^{j+1}_r$ der Lastecke $j+1$ und den Variablen $\boldsymbol{u}^j_r$ der vorhergehenden Lastecke j hergestellt. Stattdessen werden nun alle $\boldsymbol{u}^{j+1}_r$ in Abhängigkeit der Variablen $\boldsymbol{u}^1_r$ der ersten Lastecke bestimmt, wobei die Wahl der ersten Lastecke beliebig ist.

$$
\boldsymbol{u}^{j+1}_r = \boldsymbol{u}^1_r - \alpha\, \boldsymbol{L}^T \cdot \bar{\boldsymbol{T}}^{-1} \cdot \left(\boldsymbol{\sigma}^{E,1}_r - \boldsymbol{\sigma}^{E,j+1}_r\right) \,,\ \forall r \in [1, NG] \,,\ \forall j \in [1, NC-1] \qquad (5.46)
$$

Mithilfe von (5.46) werden die Bedingungen (5.45b) aus dem System eliminiert, indem sie in die Fließbedingung (5.45c) substituiert werden. Daraus resultiert das reduzierte System $(\mathcal{P}_{IPSA})$.

$$
\begin{aligned}
(\mathcal{P}_{IPSA}) \quad & \min f(\boldsymbol{x}) = -\alpha \\
& \tilde{\boldsymbol{A}} \cdot \boldsymbol{u}^1 + \boldsymbol{B} \cdot \boldsymbol{v} - \alpha\, \boldsymbol{b} = \boldsymbol{0} && (5.47a)\\
& \left\|\boldsymbol{u}^1_r - \alpha\, \boldsymbol{a}^j_r\right\|^2_2 - 2\,\sigma^2_{Y,r} \le 0 \,,\ \forall r \in [1, NG] \,,\ \forall j \in [1, NC] && (5.47b)\\
\text{wobei:} \quad & \boldsymbol{a}^j_r = \boldsymbol{L}^T \cdot \bar{\boldsymbol{T}}^{-1} \cdot \left(\boldsymbol{\sigma}^{E,1}_r - \boldsymbol{\sigma}^{E,j}_r\right)
\end{aligned}
$$

Das reduzierte Optimierungsproblem $(\mathcal{P}_{IPSA})$ kann genau wie das ursprüngliche Problem $(\mathcal{P}^{NL}_{IPDCA})$ in Abschnitt 5.1 behandelt werden. Der Übersichtlichkeit halber wird dabei $\boldsymbol{u}_r = \boldsymbol{u}^1_r$ bezeichnet und auf die Indizierung verzichtet. Der Lösungsvektor $\boldsymbol{x}'$ kann dann folgendermaßen geschrieben werden.

$$
\boldsymbol{x}' = [\boldsymbol{u}_1, \ldots, \boldsymbol{u}_r, \ldots, \boldsymbol{u}_{NG}, \boldsymbol{v}, \alpha]^T \in \mathbb{R}^{6\,NG+1} \qquad (5.48)
$$

Es werden die folgenden Abkürzungen eingeführt.

$$
\begin{aligned}
\boldsymbol{A}' &= \left[\tilde{\boldsymbol{A}} \,\middle|\, \boldsymbol{B} \,\middle|\, -\boldsymbol{b}\right] && (5.49)\\
c'_I(\boldsymbol{x}') &= 2\,\sigma^2_{Y,r} - \left\|\boldsymbol{u}^1_r - \alpha\, \boldsymbol{a}^j_r\right\|^2_2 && (5.50)
\end{aligned}
$$

Damit kann das System auf die folgende zu (5.7) äquivalente Form gebracht werden.

$$
\begin{aligned}
&(\mathcal{P}'_{IP}) \qquad && \min f(\boldsymbol{x}') = -\alpha && \\
& && \boldsymbol{A}' \cdot \boldsymbol{x}' = \boldsymbol{0} && (5.51a)\\
& && \boldsymbol{c}'_I(\boldsymbol{x}') \geq \boldsymbol{0} && (5.51b)\\
& && \boldsymbol{x}' \in \mathbb{R}^n && (5.51c)
\end{aligned}
$$

Die Anzahl der Variablen wird auf $n = 6\,NG + 1$ reduziert, wie sie auch das ursprüngliche Problem $(\mathcal{P}_{Melan})$ besitzt. Außerdem wird die Anzahl der Gleichungsrestriktionen auf $m_E = m_E^*$ gesenkt. Durch die beschriebene Umformung wird die Fließbedingung (5.51b) geringfügig komplexer, aber die Konvexitätseigenschaften werden nicht beeinflusst. Äquivalent zu (5.27) wird das resultierende Gleichungssystem wie folgt geschrieben.

$$
\begin{pmatrix} -(\boldsymbol{Q}'_I + \boldsymbol{E}_1) & (\boldsymbol{A}')^T & (\boldsymbol{C}'_I)^T \\ \boldsymbol{A}' & \boldsymbol{0} & \boldsymbol{0} \\ \boldsymbol{C}'_I & \boldsymbol{0} & \boldsymbol{E}_2 \end{pmatrix} \cdot \begin{pmatrix} \Delta\boldsymbol{x} \\ \Delta\boldsymbol{\lambda}_E \\ \Delta\boldsymbol{\lambda}_I \end{pmatrix} = \begin{pmatrix} \boldsymbol{d}_1 \\ \boldsymbol{d}_2 \\ \boldsymbol{d}_3 \end{pmatrix} \tag{5.52}
$$

Die Belegungsstruktur der Matrix $\boldsymbol{Q}'_I$ wird dadurch verändert, da die Ableitung der Ungleichungsrestriktionen nach α Einträge in der letzten Zeile und der letzten Spalte liefert.

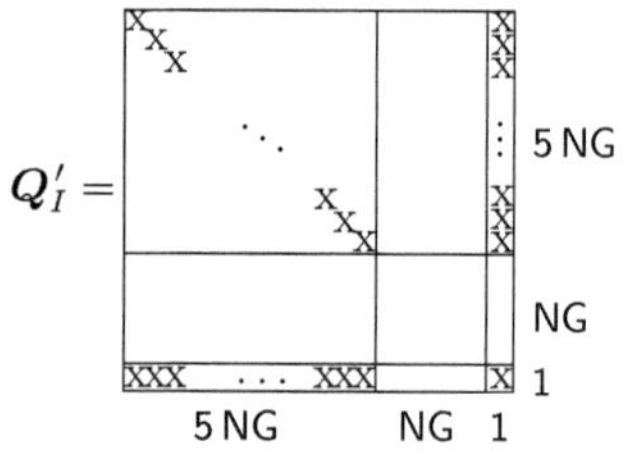

Abbildung 5.3: Belegungsstruktur der modifizierten Matrix $\boldsymbol{Q}'_I$

Wie in Kapitel 5.3.2 gezeigt, kann auch für dieses System die dritte Zeile und Spalte eliminiert werden, indem $\Delta\boldsymbol{\lambda}_I$ substituiert wird.

$$
\Delta\boldsymbol{\lambda}_I = \boldsymbol{E}_2^{-1} \cdot (\boldsymbol{d}_3 - \boldsymbol{C}'_I \cdot \Delta\boldsymbol{x}) \tag{5.53}
$$

Nach der Substitution von (5.53) ergibt sich das folgende System.

$$
\begin{pmatrix} -\boldsymbol{H}' & (\boldsymbol{A}')^T \\ \boldsymbol{A}' & \boldsymbol{0} \end{pmatrix} \cdot \begin{pmatrix} \Delta\boldsymbol{x} \\ \Delta\boldsymbol{\lambda}_E \end{pmatrix} = \begin{pmatrix} \bar{\boldsymbol{d}}'_1 \\ \boldsymbol{d}_2 \end{pmatrix} \tag{5.54}
$$

$$
\begin{aligned}
\text{wobei:} \qquad & \boldsymbol{H}' = \boldsymbol{Q}'_I + \boldsymbol{E}_1 + (\boldsymbol{C}'_I)^T \cdot \boldsymbol{E}_2^{-1} \cdot \boldsymbol{C}'_I \\
& \bar{\boldsymbol{d}}'_1 = \boldsymbol{d}_1 - (\boldsymbol{C}'_I)^T \cdot \boldsymbol{E}_2^{-1} \cdot \boldsymbol{d}_3
\end{aligned}
$$

Mit der gleichen Begründung wie vorher für die Matrix $\boldsymbol{H}$ kann gezeigt werden, dass auch die Matrix $\boldsymbol{H}'$ positiv definit ist. Die in Abb. 5.4 dargestellte Belegungsstruktur ist aufgrund der Einträge in der letzten Zeile und der letzten Spalte etwas komplexer, die Matrix ist aber noch immer sehr dünn besetzt.

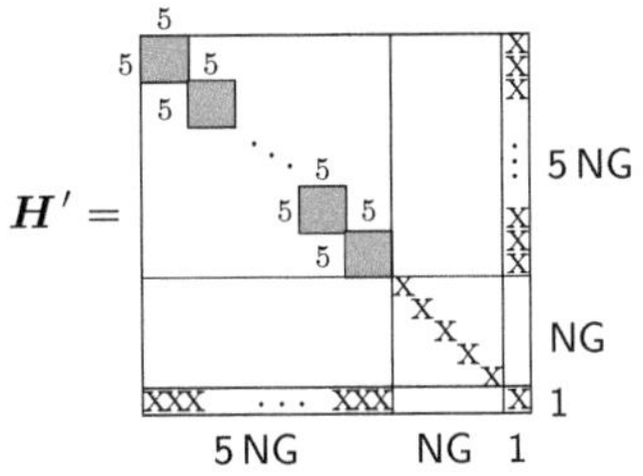

Abbildung 5.4: Belegungsstruktur der modifizierten Matrix $\boldsymbol{H}'$

Berücksichtigt man diese Veränderung der Matrix $\boldsymbol{H}'$, kann die Vorgehensweise aus Abschnitt 5.3.2 hier ganz analog angewendet werden. Die Matrix $\boldsymbol{H}'$ wird wie folgt aufgespalten.

$$\boldsymbol{H}' = \begin{pmatrix} \boldsymbol{H}_u & \boldsymbol{0} & \boldsymbol{h} \\ \boldsymbol{0} & \boldsymbol{H}_v & \boldsymbol{0} \\ \boldsymbol{h}^T & \boldsymbol{0} & H_\alpha \end{pmatrix}, \qquad \boldsymbol{H}_v \in \mathbb{R}^{NG \times NG} : diag \tag{5.55}$$

Entsprechend werden der Lösungsvektor $\Delta\boldsymbol{x}$ und der Vektor $\bar{\boldsymbol{d}}_1'$ der rechten Seite genauso wie die Matrix $\boldsymbol{A}$ in analoger Weise aufgespalten.

$$\Delta\boldsymbol{x} = \begin{pmatrix} \Delta\boldsymbol{u} \\ \Delta\boldsymbol{v} \\ \Delta\alpha \end{pmatrix}, \quad \bar{\boldsymbol{d}}_1' = \begin{pmatrix} \bar{\boldsymbol{d}}_1^u \\ \bar{\boldsymbol{d}}_1^v \\ \bar{\boldsymbol{d}}_1^\alpha \end{pmatrix}, \quad \boldsymbol{A} = \left[\boldsymbol{A}_u \middle| \boldsymbol{A}_v \middle| \boldsymbol{a}_\alpha\right], \quad \boldsymbol{A}^T = \begin{pmatrix} \boldsymbol{A}_u^T \\ \boldsymbol{A}_v^T \\ \boldsymbol{a}_\alpha^T \end{pmatrix} \tag{5.56}$$

Mithilfe der Gleichungen (5.55) und (5.56) kann die Variable $\Delta\boldsymbol{v}$ eliminiert werden.

$$\Delta\boldsymbol{v} = -\boldsymbol{H}_v^{-1} \cdot \left(\bar{\boldsymbol{d}}_1^v - \boldsymbol{A}_v^T \cdot \Delta\boldsymbol{\lambda}_E\right) \tag{5.57}$$

Schließlich erhält man das folgende Gleichungssystem, das in jedem Iterationsschritt gelöst werden muss.

$$\begin{pmatrix} -\boldsymbol{H}_u & -\boldsymbol{h} & \boldsymbol{A}_u^T \\ -\boldsymbol{h}^T & -H_\alpha & \boldsymbol{a}_\alpha^T \\ \boldsymbol{A}_u & \boldsymbol{a}_\alpha & \boldsymbol{K}_v \end{pmatrix} \cdot \begin{pmatrix} \Delta\boldsymbol{u} \\ \Delta\alpha \\ \Delta\boldsymbol{\lambda}_E \end{pmatrix} = \begin{pmatrix} \bar{\boldsymbol{d}}_1^u \\ \bar{\boldsymbol{d}}_1^\alpha \\ \bar{\boldsymbol{d}}_2 \end{pmatrix} \tag{5.58}$$

wobei:
$$\boldsymbol{K}_v = \boldsymbol{A}_v \cdot \boldsymbol{H}_v^{-1} \cdot \boldsymbol{A}_v^T$$
$$\bar{\boldsymbol{d}}_2 = \boldsymbol{d}_2 + \boldsymbol{A}_v \cdot \boldsymbol{H}_v^{-1} \cdot \bar{\boldsymbol{d}}_1^v$$

Wie auch schon in Abschnitt 5.3.2 angesprochen wurde, führen die beschriebenen Umformungen zwar zu einer drastischen Reduktion der Dimension des Problems. Allerdings kann es je nach Problemstellung zu einer relativ dicht besetzten Matrix $\boldsymbol{K}_v$ führen. Darüber hinaus kann sich das Gleichungssystem während der Iteration als sehr schlecht konditioniert herausstellen. Wie bereits in [109] gezeigt wurde, ist es in diesem Fall dennoch möglich, die Konditionierung manuell zu verbessern und damit relativ gute Ergebnisse zu erhalten.

6 Aspekte der numerischen Umsetzung

Die im vorigen Kapitel 5 beschriebene Lösungsstrategie wurde in dem Algorithmus IPSA in Standard *C* implementiert. Hierbei handelt es sich um ein eigenständiges, vollständig neu codiertes Programm, das nur in der Grundstruktur an den Code IPDCA angelehnt ist.
In diesem Kapitel werden die wesentlichen numerischen Gesichtspunkte erörtert, die einerseits notwendig sind, um die Konvergenz des Algorithmus zu gewährleisten, und die andererseits zu einem möglichst effizienten Programmablauf beitragen sollen. Einige der hier präsentierten Aspekte wurden bereits in [107–109] vorgestellt.
Der Modus operandi des Algorithmus wird in Abb. 6.1 veranschaulicht, [108].

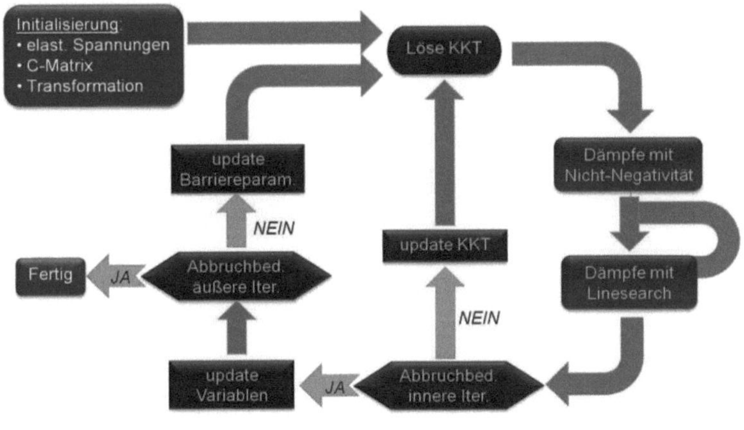

Abbildung 6.1: Skizze des Modus operandi des Algorithmus

Es existieren zwei Iterationsschleifen:

- Die ***äußere Iteration*** stellt die Hauptschleife dar, bei der der Barriereparameter μ in jedem Iterationsschritt der Update-Regel folgend reduziert wird. Dadurch wird μ im Verlauf des äußeren Iterationsprozesses zu einer Nullfolge.

- Die ***innere Iteration*** ist die Nebenschleife, mit deren Hilfe sicher gestellt wird, dass die Näherungslösung des linearisierten Gleichungssystems die KKT-Bedingungen hinreichend genau erfüllt.

In der Literatur wird teilweise die innere Schleife als nicht notwendig bezeichnet, und sie wurde entsprechend in der ursprünglichen Version von IPDCA nicht implementiert. Setzt

man voraus, dass die Ungenauigkeit der Lösung des linearisierten Systems durch den fortlaufenden Iterationsprozess aufgefangen werden kann, erscheint diese Annahme auch sinnvoll. Nichtsdestotrotz gibt es keine Garantie für die Gültigkeit dieser Voraussetzung Die innere Iteration kann gegebenenfalls einfach dadurch ausgeschaltet werden, dass die maximale Iterationszahl auf den Wert 1 gesetzt wird. Eine Alternative zu der hier verwendeten inneren Iteration stellt das ebenfalls weit verbreitete Predictor-Corrector-Verfahren von MEHROTRA [73] dar. Für Details und eine kritische Betrachtung dieses Verfahrens wird auf [20, 21] verwiesen.
Unabhängig davon kann es passieren, dass der volle Newtonschritt $\Delta\boldsymbol{\Pi}$ berechnet nach (5.17) zu groß ist und gedämpft werden muss. Das wird durch eine Linesearch-Prozedur erreicht, die im Prinzip eine dritte Iterationsschleife darstellt.

6.1 Eingaberoutine des neuen Lösers

In diesem Abschnitt wird die Routine beschrieben, die die Eingabedaten für den neuen Löser IPSA liefert. Um die Effizienz dieser Eingaberoutine zu demonstrieren, wird sie mit der von IPDCA verglichen, die in Abb. 6.2 gezeigt wird.

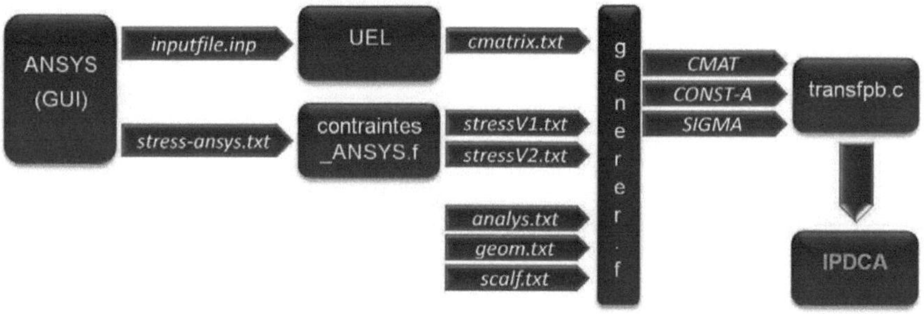

Abbildung 6.2: Eingaberoutine für IPDCA

Mit der kommerziellen FEM-Software ANSYS werden die elastischen Spannungen bestimmt und in Dateien *stress-ansys.txt* gespeichert, die mit dem Code *contraintes_ANSYS.f* umformatiert werden müssen. Außerdem wird die Eingabedatei *inputfile.inp* generiert, die notwendig ist, um mit der benutzerdefinierten Subroutine UEL die $\mathbb{C}$-Matrix auf Elementebene in der Datei *cmatrix.txt* zu bestimmen. Darüber hinaus müssen die Dateien *analys.txt*, *geom.txt* und *scalf.txt* manuell angelegt werden. Die so generierten Daten werden mit dem Code *generer.f* umformatiert, wobei besonders der Übergang der $\mathbb{C}$-Matrix auf die Systemebene rechenaufwendig ist. Zuletzt muss das Programm *transfpb.c* ausgeführt werden, um das endgültige Input für IPDCA zu erhalten.
Wie man aus Abb. 6.3 ersehen kann, ist die Eingaberoutine für IPSA vergleichsweise einfach.

Alle Schritte des Umformatierens sind hier Bestandteil des Hauptprogramms und müssen nicht vom Benutzer durchgeführt werden. Dadurch wird die Rechenzeit minimiert, da keine umformatierten Daten mehr ausgeschrieben und eingelesen werden müssen. Darüber hinaus

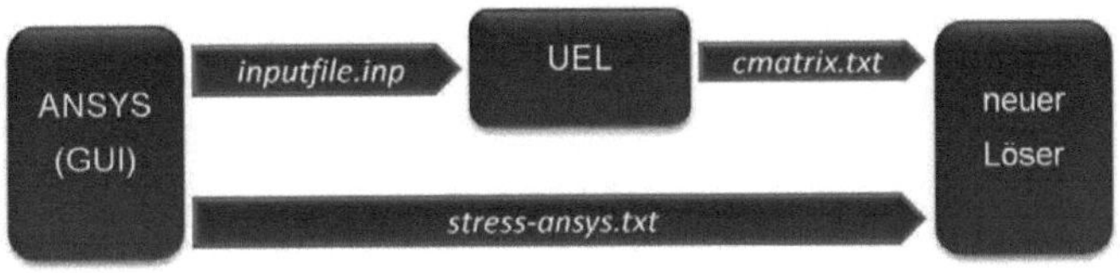

Abbildung 6.3: Eingaberoutine für IPSA

trägt das neue Schema zum Aufbauen der Systemmatrizen zur Reduktion der CPU-Zeit bei, das mit der neuen Beschreibung des Lastraums einhergeht, siehe Kapitel 3.2.1 und 9.

6.2 Präkonditionierung

Zur Stabilisierung der Prozedur und für eine weitere Minimierung der Rechenzeit ist es sinnvoll, die Koeffizientenmatrix des KKT-Systems zu untersuchen. Viele Autoren haben sich mit dem Thema der Präkonditionierung befasst und es existiert eine Vielzahl an zugehörigen Techniken, z.B. [15, 41].
Eine wichtige Gruppe davon befasst sich mit der Matrix $\boldsymbol{A}$ der Gleichungsbedingungen. Da jede Zeile dieser Matrix mit dem Freiheitsgrad eines Knotens assoziiert ist, handelt es sich um eine Nullzeile, wenn der zugehörige Knoten durch Randbedingungen festgehalten wird. Diese Nullzeilen werden vor der Rechnung aus der Matrix entfernt.
Im Allgemeinen ist es noch wichtiger, leere Spalten der Matrix zu beseitigen. Da jedoch die Spalten dieser Matrix in direktem Zusammenhang mit den zugehörigen Spannungskomponenten der GAUSS-Punkte stehen, kann es vom mechanischen Standpunkt aus keine Nullspalten geben. Dennoch wird die Matrix daraufhin überprüft, um die Richtigkeit der Eingabedaten zu gewährleisten.

6.3 Update-Regel des Barriereparameters

Man kann in der Literatur verschiedene Ansätze für Update-Regeln des Barriereparameters finden. Die einfachste davon hat die folgende Form:

$$\mu_{k+1} = \theta_\mu \, \mu_k \tag{6.1}$$

Trotz der Einfachheit dieser Regel ist sie häufig und erfolgreich angewendet worden, z.B. in [19, 24, 132]. Eine Erweiterung von (6.1) wurde von WÄCHTER in IPOPT [128–130] vorgeschlagen und von AKOA in IPDCA [1, 2] übernommen.

$$\mu_{k+1} = \max\left\{\frac{\mu_k}{5}; \mu_k^{1.5}\right\} \tag{6.2}$$

Eine weitere Gruppe von Update-Regeln bilden die fortschrittsabhängigen Regeln, wie sie beispielsweise in [3, 4, 36, 105] Verwendung finden. Diese Update-Regeln werden in Abhängigkeit von den skalierten Abweichungen der KKT beschrieben. Basierend auf diesen

Formulierungen wird hier die folgende Regel angewendet.

$$\begin{aligned}
\text{IF}\,(\bar{\mu}_i < 0.1\,\mu_k):\quad & \text{if}\,(\mu_k < 10^{-4}):\quad \mu_{k+1} = \min\left\{0.85\,\mu_k;\, 10\cdot(0.85)^{k+2\sigma}\,\bar{\mu}_o\right\} \\
& \text{else:}\qquad\qquad\quad \mu_{k+1} = \min\left\{0.85\,\mu_k;\, 10\cdot(0.85)^{k+\sigma}\,\bar{\mu}_o\right\} \\
\text{ELSE:}\quad & \mu_{k+1} = \min\left\{0.95\,\mu_k;\, 10\cdot(0.95)^{k}\,\bar{\mu}_o\right\} \\
\text{wobei:}\quad & \bar{\mu}_i = \frac{1}{\theta}\max\{\textit{skalierte Abweichungen}\,(\mu)\} \quad \text{und} \quad \bar{\mu}_o = \bar{\mu}_i\Big|_{\mu=0}
\end{aligned} \tag{6.3}$$

Bei den Konvergenzkriterien (6.19a)–(6.19f) stellen die Terme auf der linken Seite genau die skalierten Abweichungen des aktuellen Iterationsschrittes dar. Daher kann der zugehörige Maximalwert aus der Berechnung der Abbruchkriterien entnommen werden. Eine zusätzliche Berechnung ist nicht notwendig. Wie in [3] vorgeschlagen, wird $\sigma = 5$ gewählt.

6.4 Dämpfung des Newton-Schritts

Sobald die Schrittwerte $\Delta\boldsymbol{\Pi}_k$ als Lösung des linearisierten Gleichungssystems (5.17) bestimmt sind, können die Variablen $\boldsymbol{\Pi}_{k+1}$ des nachfolgenden Iterationsschrittes $k+1$ wie folgt bestimmt werden.

$$\boldsymbol{\Pi}_{k+1} = \boldsymbol{\Pi}_k + \boldsymbol{\Upsilon}_k \cdot \Delta\boldsymbol{\Pi}_k \tag{6.4}$$

Hierbei bezeichnet $\boldsymbol{\Upsilon}_k$ die Diagonalmatrix von Dämpfungsfaktoren α_i. Diese müssen eingeführt werden, weil der Fall eintreten kann, dass der volle NEWTON-Schritt, $\boldsymbol{\Upsilon}_k = \boldsymbol{I}$, sich als zu groß erweist. Der Schritt ist zu groß, wenn mindestens eine der Nicht-negativitätsbedingungen der Schlupfvariablen $\boldsymbol{w}$, $\boldsymbol{y}$ und $\boldsymbol{z}$ oder der LAGRANGE-Multiplikatoren $\boldsymbol{s}$, $\boldsymbol{r}$ und $\boldsymbol{\lambda}_I$ verletzt wird.

Im Allgemeinen können sich die Dämpfungsfaktoren aller Variablen von einander unterscheiden. Es ist jedoch gängige Praxis, sowohl in linearen als auch in nichtlinearen Problemen zwei verschiedene Werte α_P für die primalen Variablen $\boldsymbol{\Pi}_P = [\boldsymbol{x}, \boldsymbol{y}, \boldsymbol{z}, \boldsymbol{w}]^T$ beziehungsweise α_D für die dualen Variablen $\boldsymbol{\Pi}_D = [\boldsymbol{\lambda}_E, \boldsymbol{\lambda}_I, \boldsymbol{s}, \boldsymbol{r}]^T$ zu verwenden. Dafür werden die folgenden Werte $\tilde{\alpha}_P$ und $\tilde{\alpha}_D$ bestimmt, um die Nicht-negativitätsbedingungen zu erfüllen.

$$\tilde{\alpha}_P = \max\left\{\bar{\alpha}\,\middle|\, \boldsymbol{\Pi}_P^* + \bar{\alpha}\,\Delta\boldsymbol{\Pi}_P^* \geq \boldsymbol{0};\; \boldsymbol{\Pi}_P^* = [\boldsymbol{y}, \boldsymbol{z}, \boldsymbol{w}]^T\right\} \tag{6.5}$$

$$\tilde{\alpha}_D = \max\left\{\bar{\alpha}\,\middle|\, \boldsymbol{\Pi}_D^* + \bar{\alpha}\,\Delta\boldsymbol{\Pi}_D^* \geq \boldsymbol{0};\; \boldsymbol{\Pi}_D^* = [\boldsymbol{\lambda}_I, \boldsymbol{s}, \boldsymbol{r}]^T\right\} \tag{6.6}$$

Um zu gewährleisten, dass es sich bei der berechneten Richtung tatsächlich um eine Abstiegsrichtung sowohl in den Abweichungen der KKT als auch in der Zielfunktion handelt, kann eine weitere Dämpfung erforderlich sein. In dieser Arbeit wird dafür eine Linesearch-Prozedur mit der folgenden ℓ_2-Gütefunktion Φ durchgeführt. Der Term in eckigen Klammern [.] ist optional um gegebenenfalls den MARATOS-Effekt [72] zu vermeiden.

$$\Phi(\boldsymbol{\Pi}) = f_\mu(\boldsymbol{x}, \boldsymbol{y}, \boldsymbol{z}, \boldsymbol{w}) + \frac{\nu_\Phi}{2}\left\|\begin{pmatrix} \boldsymbol{A}\cdot\boldsymbol{x} \\ \boldsymbol{c}_I(\boldsymbol{x}) - \boldsymbol{w} \\ \boldsymbol{x} - \boldsymbol{y} + \boldsymbol{z} \end{pmatrix}\right\|_2^2 + [(\boldsymbol{A}\cdot\boldsymbol{x})\cdot\boldsymbol{\lambda}_E] \tag{6.7}$$

Hierbei bezeichnet ν_Φ den Strafparameter, der wenn nötig in jedem Iterationsschritt aktualisiert wird, bevor die Linesearch-Prozedur gestartet wird. Mittels der Linesearch wird der zusätzliche Dämpfungsfaktor α_T bestimmt. Ausgehend von dem Startwert $\alpha_T = 1$ wird dieser Faktor so lange halbiert wie erforderlich ist, um die ARMIJO-Bedingung (6.8) zu erfüllen. Wie in [132] vorgeschlagen, wird diese Bestimmung ausschließlich in Abhängigkeit von den primalen Variablen durchgeführt. Es wird $\beta = 10^{-3}$ gesetzt. Außerdem wird zur Sicherheit der konstante Faktor $\alpha_0 = 0.995$ eingeführt.

$$\begin{aligned} \Phi(\boldsymbol{\Pi} + \bar{\alpha}\,\Delta\boldsymbol{\Pi}) &\leq \Phi(\boldsymbol{\Pi}) + \beta\,\bar{\alpha}\,\Phi'(\boldsymbol{\Pi};\Delta\boldsymbol{\Pi}) \\ \text{wobei:} \quad \bar{\alpha} &= \alpha_T\,\alpha_0\,\tilde{\alpha}_P \end{aligned} \tag{6.8}$$

Sobald damit α_T bestimmt ist, können die beiden Dämpfungsfaktoren berechnet werden.

$$\alpha_P = \alpha_T\,\alpha_0\,\tilde{\alpha}_P\,, \qquad \alpha_D = \alpha_T\,\alpha_0\,\tilde{\alpha}_D \tag{6.9}$$

6.5 Update-Regel des Strafparameters

Der Strafparameter ν_Φ in der Gütefunktion Φ wird wenn nötig in jedem Iterationsschritt aktualisiert, wodurch die notwendige Bedingung einer Abstiegsrichtung, $\Phi'(\boldsymbol{\Pi};\Delta\boldsymbol{\Pi}) < 0$, erfüllt werden soll. Dafür wird hier eine neue Update-Regel angegeben, für deren Herleitung zunächst das totale Differential $\Phi'(\boldsymbol{\Pi};\Delta\boldsymbol{\Pi})$ betrachtet wird.
Die Gütefunktion Φ war mit (6.7) folgendermaßen definiert.

$$\begin{aligned} \Phi(\boldsymbol{\Pi}) = f(\boldsymbol{x}) - \mu \left[\sum_{i=1}^{n} \log(y_i) + \sum_{i=1}^{n} \log(z_i) \sum_{j=1}^{m_I} \log(w_j) \right] + [(\boldsymbol{A}\cdot\boldsymbol{x})\cdot\boldsymbol{\lambda}_E] \\ + \frac{\nu_\Phi}{2}\Big[\, \|(\boldsymbol{A}\cdot\boldsymbol{x})\|_2^2 + \|(\boldsymbol{c}_I(\boldsymbol{x}) - \boldsymbol{w})\|_2^2 + \|(\boldsymbol{x} - \boldsymbol{y} + \boldsymbol{z})\|_2^2 \Big] \end{aligned}$$

Das totale Differential ergibt sich aus

$$\Phi' = \boldsymbol{\nabla}_x\Phi\cdot\Delta\boldsymbol{x} + \boldsymbol{\nabla}_y\Phi\cdot\Delta\boldsymbol{y} + \boldsymbol{\nabla}_z\Phi\cdot\Delta\boldsymbol{z} + \boldsymbol{\nabla}_w\Phi\cdot\Delta\boldsymbol{w} + \boldsymbol{\nabla}_{\lambda_E}\Phi\cdot\Delta\boldsymbol{\lambda}_E\,, \tag{6.10}$$

mit den folgenden Gradienten:

$$\boldsymbol{\nabla}_x\Phi = \boldsymbol{\nabla}_x f + \nu_\Phi\left[\boldsymbol{A}^T\cdot(\boldsymbol{A}\cdot\boldsymbol{x}) + \boldsymbol{C}^T\cdot(\boldsymbol{c}-\boldsymbol{w}) + (\boldsymbol{x}-\boldsymbol{y}+\boldsymbol{z})\right] - \boldsymbol{A}^T\cdot\boldsymbol{\lambda}_E \tag{6.11}$$

$$\boldsymbol{\nabla}_y\Phi = -\mu\boldsymbol{Y}^{-1}\cdot\boldsymbol{e} - \nu_\Phi\,(\boldsymbol{x}-\boldsymbol{y}+\boldsymbol{z}) \tag{6.12}$$

$$\boldsymbol{\nabla}_z\Phi = -\mu\boldsymbol{Z}^{-1}\cdot\boldsymbol{e} + \nu_\Phi\,(\boldsymbol{x}-\boldsymbol{y}+\boldsymbol{z}) \tag{6.13}$$

$$\boldsymbol{\nabla}_w\Phi = -\mu\boldsymbol{W}^{-1}\cdot\boldsymbol{e} - \nu_\Phi\,(\boldsymbol{c}-\boldsymbol{w}) \tag{6.14}$$

$$\boldsymbol{\nabla}_{\lambda_E}\Phi = -\boldsymbol{A}\cdot\boldsymbol{x} \tag{6.15}$$

Dadurch kann das Differential Φ' wie folgt angegeben werden.

$$\begin{aligned} \Phi' =& \boldsymbol{\nabla}_x f\cdot\Delta\boldsymbol{x} - \mu\left[\boldsymbol{Y}^{-1}\cdot\Delta\boldsymbol{y} + \boldsymbol{Z}^{-1}\cdot\Delta\boldsymbol{z} + \boldsymbol{W}^{-1}\cdot\Delta\boldsymbol{w}\right] - \left[(\boldsymbol{A}^T\cdot\boldsymbol{\lambda}_E)\cdot\boldsymbol{x} + (\boldsymbol{A}\cdot\boldsymbol{x})\cdot\boldsymbol{\lambda}_E\right] \\ &+ \nu_\Phi\Big\{(\boldsymbol{A}\cdot\boldsymbol{x})\cdot(\boldsymbol{A}\cdot\Delta\boldsymbol{x}) + (\boldsymbol{c}-\boldsymbol{w})\cdot[\boldsymbol{C}\cdot\Delta\boldsymbol{x} - \Delta\boldsymbol{w}] + (\boldsymbol{x}-\boldsymbol{y}+\boldsymbol{z})\cdot(\Delta\boldsymbol{x} - \Delta\boldsymbol{y} + \Delta\boldsymbol{z})\Big\} \end{aligned}$$

Daraus lassen sich die folgenden Definitionen für Φ'_f und Φ'_ν ableiten.

$$\Phi' = \Phi'_f + \nu_\Phi \Phi'_\nu$$
$$\Phi'_f = \boldsymbol{\nabla}_x f \cdot \Delta\boldsymbol{x} - \mu\left[\boldsymbol{Y}^{-1}\cdot \Delta\boldsymbol{y} + \boldsymbol{Z}^{-1}\cdot \Delta\boldsymbol{z} + \boldsymbol{W}^{-1}\cdot \Delta\boldsymbol{w}\right] - \left[\left(\boldsymbol{A}^T \cdot \boldsymbol{\lambda}_E\right)\cdot \boldsymbol{x} + (\boldsymbol{A}\cdot\boldsymbol{x})\cdot\boldsymbol{\lambda}_E\right]$$
$$\Phi'_\nu = (\boldsymbol{A}\cdot\boldsymbol{x})\cdot(\boldsymbol{A}\cdot\Delta\boldsymbol{x}) + (\boldsymbol{c}-\boldsymbol{w})\cdot\left[\boldsymbol{C}\cdot\Delta\boldsymbol{x} - \Delta\boldsymbol{w}\right] + (\boldsymbol{x}-\boldsymbol{y}+\boldsymbol{z})\cdot(\Delta\boldsymbol{x} - \Delta\boldsymbol{y} + \Delta\boldsymbol{z})$$

Unter Berücksichtigung des KKT-Systems (5.27) und den entsprechenden analytischen Ausdrücken (5.19)–(5.23) lassen sich die folgenden Zusammenhänge herleiten:

$$\begin{aligned} \boldsymbol{A}\cdot\Delta\boldsymbol{x} &= -\boldsymbol{A}\cdot\boldsymbol{x} \\ \boldsymbol{C}\cdot\Delta\boldsymbol{x} &= \Delta\boldsymbol{w} - (\boldsymbol{c}-\boldsymbol{w}) \\ (\Delta\boldsymbol{x} - \Delta\boldsymbol{y} + \Delta\boldsymbol{z}) &= -(\boldsymbol{x}-\boldsymbol{y}+\boldsymbol{z}) \end{aligned}$$

Abschließend kann mit diesen Relationen Φ'_ν zu folgendem Ausdruck transformiert werden,

$$\Phi'_\nu = -\left[(\boldsymbol{A}\cdot\boldsymbol{x})^2 + (\boldsymbol{c}-\boldsymbol{w})^2 + (\boldsymbol{x}-\boldsymbol{y}+\boldsymbol{z})^2\right] \quad (6.16)$$

Es gilt $\Phi'_\nu < 0$ für alle $\boldsymbol{\Pi}$, weshalb die Bedingung $\Phi' < 0$ für alle Strafparameter ν_Φ erfüllt ist, die der folgenden Ungleichung genügen.

$$\nu_\Phi > -\frac{\Phi'_f}{\Phi'_\nu} \quad (6.17)$$

Damit ergibt sich die neue Update-Regel für den Strafparameter wie folgt.

$$\mathsf{IF}\left(\nu_{\Phi k} < -\gamma_\nu \left.\frac{\Phi'_f}{\Phi'_\nu}\right|_k\right) : \ \nu_{\Phi k} = -\gamma_\nu \left.\frac{\Phi'_f}{\Phi'_\nu}\right|_k \qquad \mathsf{ELSE}: \ \nu_{\Phi k} = \nu_{\Phi k-1} \quad (6.18)$$

Der Faktor $\gamma_\nu = 10$ ist zusätzlich eingeführt worden, um Probleme infolge numerischer Ungenauigkeiten zu vermeiden.

6.6 Konvergenzkriterien

Im Allgemeinen haben Konvergenzkriterien in Innere Punkte Algorithmen die Form $\|\boldsymbol{F}\| \leq \varepsilon$, wobei sich die Formulierungen in der verwendeten Norm, der Wahl der Toleranzen ε sowie in der Skalierung unterscheiden. Die Abbruchbedingung ist nur sinnvoll, wenn eine Skalierung benutzt wird. Andererseits bedeutet die Berechnung von Skalierungsfaktoren in jedem Rechenschritt einen Zuwachs der Rechenzeit. Um eine Balance zwischen Praktikabilität und Skaleninvarianz zu erreichen, werden [132] folgend Skalierungsfaktoren verwendet, die allein von den jeweiligen Werten des Startpunktes abhängen, der mit dem Index $(.)_0$ gekennzeichnet wird.
Die Abbruchbedingung der inneren Iteration muss für den festgesetzten Barriereparameter μ sicher stellen, dass sich die Lösung des linearisierten Gleichungssystems in naher Umgebung der exakten Lösung befindet. Sie wird durch die folgenden Gleichungen (6.19a)–(6.19f) beschrieben.

$$\left\|\boldsymbol{\nabla}_x f(\boldsymbol{x}) - \boldsymbol{A}^T\cdot\boldsymbol{\lambda}_E - \boldsymbol{C}_I^T(\boldsymbol{x})\cdot\boldsymbol{\lambda}_I - \boldsymbol{s}\right\|_\infty \leq \varepsilon_\mu^{opt} \quad (6.19a)$$
$$\max\left\{\|\mu\boldsymbol{e} - \boldsymbol{Y}\cdot\boldsymbol{S}\cdot\boldsymbol{e}\|_\infty \,;\, \|\mu\boldsymbol{e} - \boldsymbol{Z}\cdot\boldsymbol{R}\cdot\boldsymbol{e}\|_\infty \,;\, \|\mu\boldsymbol{e} - \boldsymbol{W}\cdot\boldsymbol{\Lambda}_I\cdot\boldsymbol{e}\|_\infty\right\} \leq \varepsilon_\mu^{opt} \quad (6.19b)$$

Es ist dabei zu beachten, dass diese Bedingungen scheinbar nicht skaliert worden sind, was daran liegt, dass der zugehörige Skalierungsfaktor ohnehin den Wert 1 hat, $\max\{1; \|\boldsymbol{\nabla}_x f(\boldsymbol{x})\|_\infty\} = 1$.

$$\begin{aligned}
\|\boldsymbol{A}\cdot\boldsymbol{x}\|_\infty &\leq \max\{1; \|\boldsymbol{A}\cdot\boldsymbol{x}_0\|_\infty\}\, \varepsilon_\mu^{feas} && (6.19c)\\
\|\boldsymbol{c}_I(\boldsymbol{x}) - \boldsymbol{w}\|_\infty &\leq \max\{1; \|\boldsymbol{c}_I(\boldsymbol{x}_0) - \boldsymbol{w}_0\|_\infty\}\, \varepsilon_\mu^{feas} && (6.19d)\\
\|\boldsymbol{x} - \boldsymbol{y} + \boldsymbol{z}\|_\infty &\leq \max\{1; \|\boldsymbol{x}_0 - \boldsymbol{y}_0 + \boldsymbol{z}_0\|_\infty\}\, \varepsilon_\mu^{feas} && (6.19e)\\
\|\boldsymbol{r} + \boldsymbol{s}\|_\infty &\leq \max\{1; \|\boldsymbol{r}_0 + \boldsymbol{s}_0\|_\infty\}\, \varepsilon_\mu^{feas} && (6.19f)
\end{aligned}$$

Folgende Werte werden für die Toleranzen der inneren Iteration verwendet:

$$\begin{aligned}
\varepsilon_\mu^{opt} &= \max\left\{\theta\,\mu;\ \varepsilon^{opt} - \mu\right\} && (6.20a)\\
\varepsilon_\mu^{feas} &= \max\left\{\theta\,\mu;\ \varepsilon^{feas}\right\} && (6.20b)
\end{aligned}$$

Hier werden die folgenden Werte für die Toleranzparameter gesetzt:

$$\varepsilon^{opt} = \varepsilon^{feas} = \varepsilon^{obj} = 10^{-6} \tag{6.21}$$

Außerdem wird $\theta = 1$ gewählt. Setzt man sowohl in den Konvergenzkriterien als auch bei den Toleranzen $\mu = 0$, erhält man die konsistente Formulierung der Abbruchbedingungen für die äußere Iteration. Zusätzlich wird für die äußere Schleife der skalierte Zuwachs der Zielfunktion als Abbruchbedingung verwendet, wie in [36] vorgeschlagen.

$$\frac{|f(\boldsymbol{x}^{k+1}) - f(\boldsymbol{x}^k)|}{1 + |f(\boldsymbol{x}^k)|} \leq \varepsilon^{obj} \tag{6.22}$$

Zur Stabilisierung der Prozedur v.a. bei Rechnungen ohne Linesearch werden zwei weitere Abbruchkriterien implementiert. Die Iteration wird abgebrochen, wenn:

- das Vorzeichen von $\boldsymbol{c}(\boldsymbol{x})$ wechselt. In diesem Fall ist die Lösung so groß geworden, dass die Fließbedingung nicht mehr erfüllt werden kann.
- der Zielwert α über mehrere auf einander folgende Schritte nicht mehr ansteigt. Da das Problem konvex ist, wird dieser Wert auch dann als Lösung betrachtet, wenn die Konvergenzkriterien noch nicht erfüllt sind.

Zu Beginn der Iteration schwanken die Variablen teilweise stark, bevor sich ein stabiles Verhalten zeigt. Die zuletzt genannten Bedingungen sollten in diesem Anfangsbereich noch nicht aktiv sein. Darüber hinaus gewährleisten diese Kriterien Konvergenz nicht. Sind die Ergebnisse nicht exakt genug, sollte deshalb eine neue Rechnung mit verschärften Toleranzen oder veränderten Parametern durchgeführt werden.

6.7 Wahl eines geeigneten Startpunkts

Im Allgemeinen ist die Wahl des Startpunkts ein kritischer Aspekt der Innere Punkte Methode. Für viele Probleme ist es schwierig, einen zulässigen Punkt zu finden. Soll der Startpunkt darüber hinaus gut geeignet sein und sich nahe des zentralen Pfades befinden, wird das Auswahlverfahren noch anspruchsvoller. Will man nicht durch Ausprobieren den

Startpunkt speziell auf das gerade betrachtete Problem anpassen (*Tuning*), muss eine geeignete allgemeine Methode zur Startpunktwahl entwickelt werden.

Ein möglicher Ansatz hierfür besteht darin, das ursprüngliche Optimierungsproblem auf ein Ersatzproblem mit niedrigerem Rang zu reduzieren, welches mittels der sequentiellen quadratischen Programmierung SQP gelöst wird, [34, 39, 40]. Die Lösung des Ersatzproblems wird als Startwert des Ausgangssystems verwendet. Im ungünstigsten Fall ist aber das reduzierte Problem nicht viel leichter zu lösen als das ursprüngliche. Dann ist diese Methode nicht geeignet.

Eine Alternative besteht darin, die physikalischen Eigenschaften des Problems oder gegebenenfalls der Problemklasse zu berücksichtigen (*Warm Start*). Beispielsweise verwendet WÄCHTER [128] für die Simulation eines Luftzerlegungsprozesses den Destillatstrom zum Startzeitpunkt als Startwert der Berechnung.

Bei dem in dieser Arbeit betrachteten Problem ist das Auffinden eines zulässigen Startvektors $\boldsymbol{x}_0$ trivial, da die Gleichungsrestriktionen ein homogenes System bilden. Die mögliche Lösung $\boldsymbol{x}_0 \approx \boldsymbol{0}$ ist allerdings nicht gut zentriert. Als Warm Start ist die Konstruktion des Vektors $\boldsymbol{x}_{el}$ aus den elastischen Spannungen besser geeignet. Die restlichen Variablen werden derart gewählt, dass die KKT-Bedingung möglichst gut erfüllt ist.

$$\boldsymbol{x}_0 = \boldsymbol{x}_{el}(\boldsymbol{\sigma}_{el}) \tag{6.23a}$$
$$\boldsymbol{y}_0 = 10^3\,\boldsymbol{e} \tag{6.23b}$$
$$\boldsymbol{z}_0 = \boldsymbol{y}_0 - \boldsymbol{x}_0 \tag{6.23c}$$
$$\boldsymbol{w}_0 = \boldsymbol{c}_I(\boldsymbol{x}_0) \tag{6.23d}$$
$$\boldsymbol{\lambda}_{E,0} = 10^{-2}\,\boldsymbol{e} \tag{6.23e}$$
$$\boldsymbol{\lambda}_{I0,i} = \frac{\mu}{\boldsymbol{w}_{0,i}} \tag{6.23f}$$
$$\boldsymbol{r}_{0,i} = \frac{\mu}{\boldsymbol{z}_{0,i}} \tag{6.23g}$$
$$\boldsymbol{s}_{0,i} = \frac{\mu}{\boldsymbol{y}_{0,i}} \tag{6.23h}$$

Die Wahl von $\boldsymbol{y}_0$ ist willkürlich, es sollte allerdings kein zu kleiner Wert verwendet werden. Mit Ausnahme von (5.13a) werden mit dieser Wahl alle KKT (5.13) erfüllt. Um außerdem (5.13a) erfüllen zu können, müsste der Startwert $\boldsymbol{\lambda}_{E,0}$ als Lösung des folgenden Systems bestimmt werden, was sich als sehr aufwendig erweist.

$$\left(\boldsymbol{A} \cdot \boldsymbol{A}^T\right) \cdot \boldsymbol{\lambda}_{E,0} = \boldsymbol{A} \cdot \left[\boldsymbol{\nabla}_x f(\boldsymbol{x}_0) - \boldsymbol{C}_I^T(\boldsymbol{x}_0) \cdot \boldsymbol{\lambda}_{I,0} - \boldsymbol{s}_0\right] \tag{6.24}$$

Es ist bemerkenswert, dass die Bedingung (5.14) mit positiven $\boldsymbol{r}_0$ und $\boldsymbol{s}_0$ nicht erfüllt werden kann. Diese Bedingung ist dennoch notwendig, um diese Variablen im Iterationsverlauf zu Nullfolgen zu zwingen.

In seiner Bachelorarbeit[1] vergleicht DANIEL HÖWER diesen Startwert mit dem folgenden

[1] D. Höwer: *Startpunkt-Untersuchungen bei Anwendung der Innere Punkte Methode zur Bestimmung von Einspiellasten*, Institut für Allgemeine Mechanik, RWTH Aachen

in IPDCA verwendeten Startpunkt.

$$\boldsymbol{x}_0 = 10^{-3}\,\boldsymbol{e} \tag{6.25a}$$
$$\boldsymbol{y}_0 = 2\,\sigma_Y\,\boldsymbol{e} \tag{6.25b}$$
$$\boldsymbol{z}_0 = 27\,\sigma_Y\,\boldsymbol{e} \tag{6.25c}$$
$$\boldsymbol{w}_0 = 2000\,\sigma_Y^2\,\boldsymbol{e} \tag{6.25d}$$
$$\boldsymbol{\lambda}_{E,0} = 20\,\boldsymbol{e} \tag{6.25e}$$
$$\boldsymbol{\lambda}_{I0,i} = \frac{10^{-4}}{\boldsymbol{w}_{0,i}} \tag{6.25f}$$
$$\boldsymbol{r}_{0,i} = \frac{10^{-1}}{\boldsymbol{z}_{0,i}} \tag{6.25g}$$
$$\boldsymbol{s}_{0,i} = \frac{10^{-2}}{\boldsymbol{y}_{0,i}} \tag{6.25h}$$

Am Beispiel der Lochscheibe unter biaxialer mechanischer Belastung (Abschnitt 7.1) zeigt HÖWER, dass die Rechenzeit durch die verbesserte Startwertwahl deutlich reduziert werden kann, Tab. 6.1. Man beachte, dass er dafür einen *Dell Precision T7500* mit *Xeon E5620*-Prozessor mit 2400 MHz und 12 GB RAM benutzt, der schneller ist als der in Kapitel 7.1 verwendete PC.

Tabelle 6.1: Vergleich der Ergebnisse mit verschiedenen Startwerten

	Startwerte AKOA (6.25)			Startwerte HÖWER (6.23)		
φ	iter	CPU-Zeit [s]	α	iter	CPU-Zeit [s]	α
0°	437	59.6	1.7626	249	40.0	1.7626
10°	397	55.4	1.6805	195	34.9	1.6805
20°	349	50.3	1.6538	160	30.2	1.6537
30°	324	47.5	1.6781	159	30.2	1.6781
40°	339	49.2	1.7573	133	27.4	1.7572
50°	328	48.1	1.7573	127	26.7	1.7572
60°	307	45.6	1.6780	141	28.3	1.6780
70°	334	48.5	1.6537	144	28.5	1.6537
80°	355	50.9	1.6805	165	30.9	1.6805
90°	398	47.9	1.7624	237	31.4	1.7626

Die verbesserte Startpunktwahl führt bei diesem Beispiel zu einer Reduktion der Rechenzeit für alle betrachteten Winkel φ. Bei der größten Reduktion bei $\varphi = 50°$ wird die CPU-Zeit fast halbiert.

7 Validierung der vorgestellten Methode an praktischen Beispielen

Der beschriebene Algorithmus IPSA wird anhand von drei Beispielrechnungen validiert. Zwecks Vergleichbarkeit mit IPDCA werden einige der in Kapitel 6 beschriebenen Modifikationen für diese Berechnungen ausgeschaltet. Außerdem werden die Toleranzen der Abbruchkriterien an die jeweiligen default-Werte angepasst, und für alle Rechnungen wird der gleiche Startwert verwendet.

Als erstes wird das typische Validierungsbeispiel einer quadratischen Lochscheibe unter biaxialer mechanischer Belastung untersucht. Für dieses Beispiel existieren viele Referenzlösungen in der Literatur sowie eine teilanalytische Lösung, weshalb es sich zur Validierung der numerischen Ergebnisse eignet. Darüber hinaus wird die Effizienz von IPSA verdeutlicht, indem die Rechenzeiten sowohl mit IPDCA aus [1, 2] als auch mit dem Programm LANCELOT [27] verglichen werden.

Das zweite Beispiel einer thermisch belasteten Rohrplatte eines Wärmetauschers ist aus dem Apparate- und Anlagenbau entnommen. Dieses Beispiel wird mit IPSA , IPDCA und mit dem Open-Source Programm IPOPT [129, 130] berechnet. Es werden sowohl die numerischen Resultate als auch die Rechenzeiten gegenübergestellt.

Auch das dritte Beispiel behandelt eine Komponente des Apparate- und Anlagenbaus. Der untersuchte schräge Rohrleitungsanschluss gehört zwar nicht zu den Standardausführungen, findet jedoch aufgrund von konstruktiven und strömungstechnischen Gesichtspunkten seine Anwendung. Für dieses realistische Beispiel wird eine Kombination von thermischer und mechanischer Belastung angesetzt.

In allen Rechnungen werden die Materialparameter als temperaturunabhängig angenommen. Außerdem werden ausschließlich stationäre Prozesse betrachtet, wobei angenommen wird, dass sich Temperaturänderungen hinreichend langsam einstellen. Darüber hinaus wird Kriechen infolge hoher Temperaturen nicht berücksichtigt.

7.1 Quadratische Lochscheibe unter biaxialer mechanischer Belastung

Es wird eine quadratische Scheibe mit einem runden, zentrierten Loch unter biaxialer mechanischer Belastung betrachtet, Abb. 7.1.

Die Lochscheibe besteht aus 2024–T6 Aluminium und wird als homogen isotrop angenommen. Die charakteristischen Dimensionen werden in Tab. 7.1 angegeben, während die mechanischen Eigenschaften des Materials Tab. 7.2 entnommen werden können.

Unter Berücksichtigung der Symmetrie des Systems wird nur ein Viertel der Scheibe betrachtet. Das System ist mit isoparametrischen Volumenelementen *solid45* (kubisch mit 8 Knoten) in ANSYS diskretisiert. Das verwendete Netz besteht aus 882 Knoten und 400

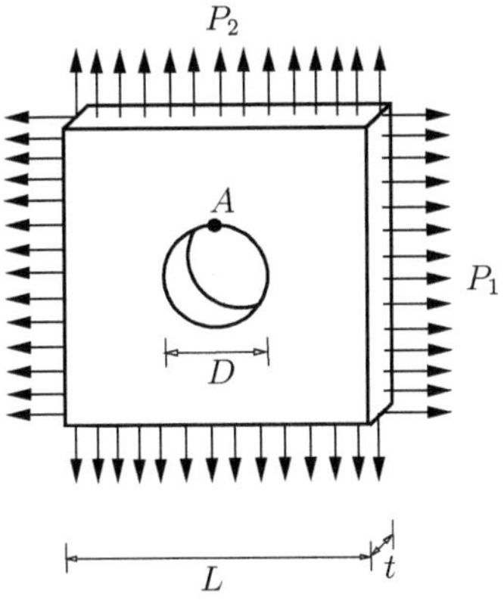

Abbildung 7.1: System und biaxiale Belastung

Tabelle 7.1: Dimensionen der Lochscheibe

Länge L in [mm]	100
Tiefe t in [mm]	2
Durchmesser D in [mm]	20

Tabelle 7.2: Mechanische Eigenschaften

Elastizitätsmodul [MPa]	7.24×10^4
Fließspannung [MPa]	345
Querkontraktionskoeffizient	0.33
Dichte [kg/m^3]	2.78×10^3

Elementen, Abb. 7.2.
Die Scheibe wird durch zwei Flächenlasten P_1 und P_2 belastet, die in beiden Richtungen senkrecht zu den Kanten der Scheibe aufgebracht werden. Für die Berechnung der elastischen Spannungen wurde der willkürliche Wert $P_0 = 100$ MPa verwendet. Die Lasten variieren unabhängig voneinander in den folgenden Grenzen:

$$0 \leq P_1 \leq \mu_1^+ P_0 \tag{7.1a}$$

$$0 \leq P_2 \leq \mu_2^+ P_0 \tag{7.1b}$$

Der zugehörige zweidimensionale Lastraum wird in Abb. 7.3 dargestellt. Der größere der beiden Werte μ_1^+ und μ_2^+ wird als eins gewählt, der andere wird entsprechend mit dem Verhältnis μ_1^+/μ_2^+ beziehungsweise μ_2^+/μ_1^+ skaliert. In der Formulierung von IPDCA wurde das Verhältnis der Lasten über den Winkel φ beschrieben, sodass die Faktoren durch

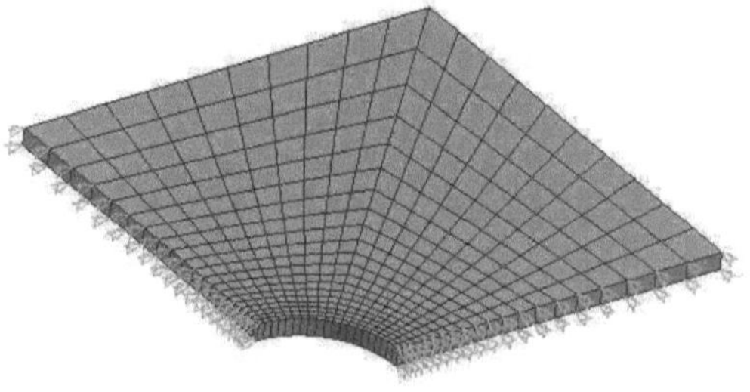

Abbildung 7.2: FEM-Modell der Lochscheibe

$\mu_1^+ = \cos\varphi$ und $\mu_2^+ = \sin\varphi$ gegeben sind. Daher müssen zwecks Vergleichbarkeit die Ergebnisse von IPDCA mit $\cos\varphi$ beziehungsweise mit $\sin\varphi$ skaliert werden.

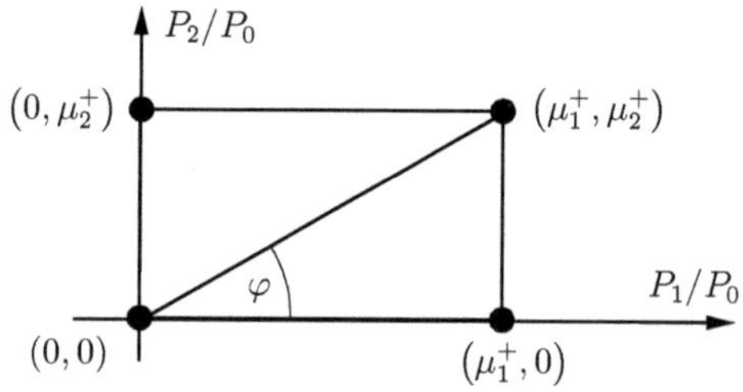

Abbildung 7.3: Zweidimensionaler Lastraum

Seit der Pionierarbeit von BELYTSCHKO [12] sind verschiedene Resultate veröffentlicht worden, u.a. [22, 23, 25, 29, 37, 59, 65, 87, 117, 138, 145]. Vergleichende Studien dieser Arbeiten werden in [43, 59, 65, 146] präsentiert. Die mit IPSA ermittelten Ergebnisse werden in Tab. 7.3 für die drei Lastfälle $P_2 = 0$, $P_2 = {}^1\!/\!_2\, P_1$ und $P_2 = P_1$ mit den genannten Ergebnissen verglichen. Die angegebenen Werte sind mit dem Verhältnis P_0/σ_Y skaliert und sind deshalb problemunabhängig.

Die Referenzlösung basiert auf der aus [144] entnommenen teilanalytischen Lösung. Darin wird der folgende Ausdruck für den Einspielfaktor hergeleitet:

$$\alpha_{SD} = \frac{2}{a - \gamma b} \tag{7.2}$$

$$\text{wobei} \quad \gamma = \begin{cases} \mu_2^+, & \text{für } P_1 \geq P_2 \quad (\mu_1^+ = 1) \\ \mu_1^+, & \text{für } P_1 \leq P_2 \quad (\mu_2^+ = 1) \end{cases}$$

Die Zahlenwerte a und b bezeichnen die elastische Spannungskomponente σ_{11}^E in dem am meisten beanspruchten Punkt A (Abb. 7.1) in den beiden Lastfällen $P_1 \neq 0 \wedge P_2 = 0$ beziehungsweise $P_1 = 0 \wedge P_2 \neq 0$. BELYTSCHKO [12] verwendete die Werte $a = 3.14$ und

Tabelle 7.3: Vergleich verschiedener numerischer Resultate

	$P_2 = P_1$	$P_2 = P_1/2$	$P_2 = 0$
Zouain et al. (2002) [146]	0.429	0.500	0.594
Krabbenhøft et al. (2007) [59]	0.430	0.499	0.595
Schwabe (2000) [104]	0.430	0.505	0.595
Belytschko (1972) [12]	0.431	0.501	0.571
Tran et al. (2010) [117]	0.434	—	0.601
Garcea et al. (2005) [37]	0.438	0.508	0.604
Groß-Weege (1997) [43]	0.446	0.524	0.614
Akoa et al. (2007) [2]	$0.466^{\dagger,\star}$	—	$0.637^{\dagger,\star}$
Liu et al. (2005) [65]	0.477	0.549	0.647
Chen, S. et al. (2008) [25]	0.480	0.553	0.649
Chen, H.F. & Ponter (2001) [23]	$0.492^{\dagger}$	—	$0.667^{\dagger}$
Zhang & Raad (2002) [145]	0.494	—	0.574
Carvelli et al. (1999) [22]	0.518	—	0.696
Referenzlösung [144]	0.431	0.514^{*}	0.596
Eigene Lösung	0.458	0.531	0.627
Relativer Fehler	6.26 %	3.31 %	5.20 %

† skaliert mit σ_Y/P_0; * skaliert mit $\cos\varphi$

* ermittelt durch lineare Interpolation

$b = -1.11$, die in [54] durch sukzessive Approximation bestimmt wurden. Diese wurden allerdings von ZHANG [144] basierend auf einer FEM-Analyse durch $a = 3.354$ und $b = -1.288$ korrigiert. Da in beiden Fällen die angegebenen Werte numerisch bestimmt worden sind, handelt es sich streng genommen nicht um eine analytische Lösung. Trotzdem wird die Lösung von ZHANG als Referenz genutzt.

Der resultierende Einspielbereich ist in Abb. 7.4 dargestellt. Zum Vergleich werden sowohl die teilanalytische Lösung als auch die in [82] von MOUHTAMID berechnete Lösung angegeben. Um einen sinnvollen Vergleich durchführen zu können, müssen die letzteren Werte noch mit $\sin\varphi$ beziehungsweise mit $\cos\varphi$ multipliziert werden, je nachdem ob $\varphi > 45°$ oder $\varphi < 45°$. Es müssen dort übrigens die Werte aus der Tabelle 5.3 benutzt werden, die in der Tabelle 5.5 angegebenen Werte sind falsch.

Die angegebenen Resultate in Tab. 7.3 und in Abb. 7.4 zeigen eine gute Übereinstimmung sowohl mit den Referenzwerten der Literatur als auch mit der teilanalytischen Lösung. Mit einem maximalen Fehler von ungefähr 6 % ist die Validierung des Algorithmus zufriedenstellend.

Abschließend werden in Tab. 7.4 die Rechenzeiten von IPSA, IPDCA und LANCELOT miteinander verglichen. Alle Rechnungen wurden auf einem PC mit 4096 MB RAM und einem AMD Opteron-Prozessor mit 2200 MHz durchgeführt, den auch MOUHTAMID benutzt hat. Die Rechenzeiten von LANCELOT sind aus [82] entnommen. Die dort angegebenen Werte

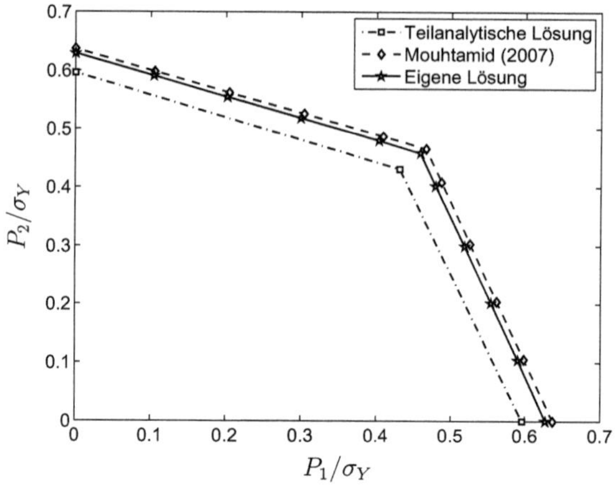

Abbildung 7.4: Resultierender Einspielbereich der Lochscheibe bei biaxialer Belastung

für IPDCA müssen allerdings noch erhöht werden, da die benötigte CPU-Zeit von ungefähr 288 s (231 s für das Bilden der Systemmatrix $\mathbb{C}$ aus den Elementmatrizen mit *generer.f* und ⌀57 s für die Transformation mit *transfpb.c*) für die in Abschnitt 6.1 beschriebene Transformation nicht berücksichtigt wurde.

Tabelle 7.4: Vergleich der Rechenzeiten in [s]

φ	LANCELOT	IPDCA	IPSA
0°	129 600	1533	179
10°	90 600	1403	176
20°	90 400	1388	173
30°	90 200	1408	173
40°	90 100	1403	179
45°	90 000	1398	176
50°	90 200	1402	173
60°	90 200	1408	165
70°	90 300	1398	160
80°	90 100	1403	163
90°	90 000	1403	165

Die angegebenen Rechenzeiten zeigen die Effizienz des neuen Algorithmus. Die für IPDCA notwendige Transformation des Problems dauert schon länger als die komplette Berechnung mit IPSA. Auch unter Berücksichtigung dieser Zeit für die Transformation ist mit

IPDCA weniger als 2 % der CPU-Zeit erforderlich, die LANCELOT zur Lösung benötigt. Mit IPSA kann diese Rechenzeit von IPDCA noch einmal auf etwa ein Achtel reduziert werden.

7.2 Rohrplatte eines Wärmetauschers

Als zweites Beispiel wird das vereinfachte Modell einer Rohrplatte eines Wärmetauschers untersucht. Die betrachtete Rohrplatte ist rechteckig mit sechs zylindrischen Löchern in symmetrischer Anordnung, Abb. 7.5. Als Randbedingungen werden alle translatorischen Freiheitsgrade an der linken und an der unteren Kante gesperrt.

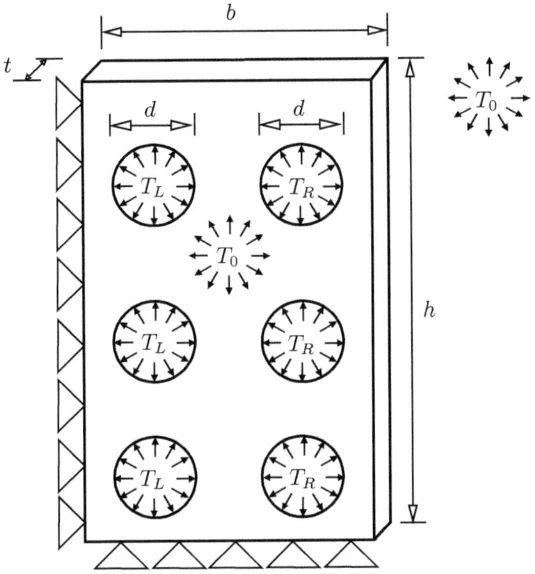

Abbildung 7.5: System und Belastung der Rohrplatte

Die Rohrplatte besteht aus 2024–T6 Aluminium und wird als homogen isotrop angenommen. Die charakteristischen Dimensionen werden in Tab. 7.5 angegeben, die mechanischen und thermischen Eigenschaften des Materials können Tab. 7.6 entnommen werden.
Das System ist mit isoparametrischen Volumenelementen (kubisch mit 8 Knoten) diskretisiert. Das verwendete Netz besteht aus 1798 Knoten und 768 Elementen (1 Element über die Dicke), Abb. 7.6.
Die Berechnung der elastischen Spannungen wird in zwei Schritten mit dem FEM Software-Paket ANSYS durchgeführt. Zuerst wird mit dem Element *solid70* das Temperaturfeld in der Platte berechnet. Dabei werden Temperaturlasten T_L und T_R in den Löchern der Platte aufgebracht, um den Durchfluss einer heißen Flüssigkeit durch die von der Rohrplatte gehaltenen Rohre zu simulieren. Die Anfangstemperatur der Platte wird mit $T_0 = 300$ K

Tabelle 7.5: Abmessungen der Rohrplatte

Höhe h in [mm]	800
Breite b in [mm]	400
Tiefe t in [mm]	10
Durchmesser d in [mm]	100

Tabelle 7.6: Thermische und mechanische Kennwerte

Elastizitätsmodul [MPa]	7.24×10^4
Fließspannung [MPa]	345
Querkontraktionskoeffizient	0.33
Dichte [kg/m^3]	2.78×10^3
Wärmeleitfähigkeit [W/(m·K)]	151
Spezifische Wärmekapazität [J/(kg·K)]	875
Wärmeausdehnungskoeffizient [1/K]	2.47×10^{-5}
Wärmeübergangszahl Platte–Luft [W/(m^2·K)]	200
Wärmeübergangszahl Platte–Flüssigkeit [W/(m^2·K)]	1200

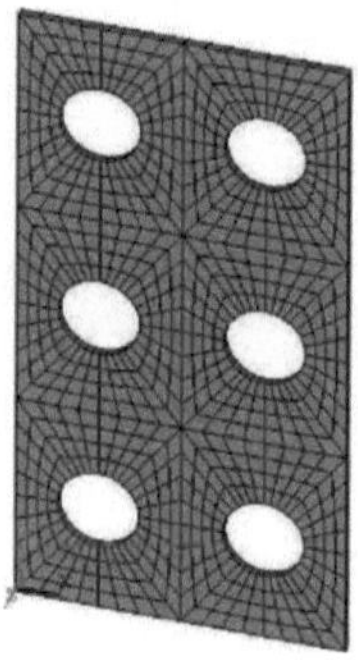

Abbildung 7.6: FEM-Modell der Rohrplatte

festgesetzt. Es werden zwei unabhängige Lastfälle untersucht, nämlich Temperaturlasten in den drei Löchern auf der linken Seite $T_L = 500$ K und auf der rechten Seite $T_R = 500$ K. In beiden Fällen wird die Umgebungstemperatur mit $T_0 = 300$ K angenommen. Die resultierenden Temperaturverläufe beider Lastfälle sowie ihrer Überlagerung sind in Abb. 7.7 dargestellt.

Im zweiten Schritt werden diese Temperaturfelder verwendet, um die Temperaturbelastung in den Knoten des Systems zu bestimmen. Mit diesen Knotenlasten können die elastischen

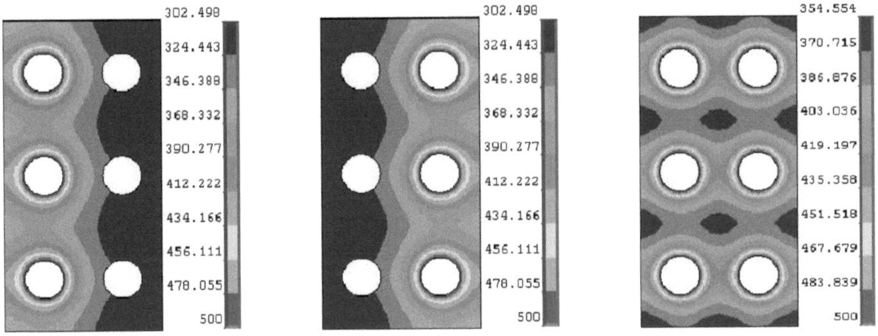

(a) Temperaturbelastung der linken Löcher

(b) Temperaturbelastung der rechten Löcher

(c) Temperaturbelastung aller Löcher

Abbildung 7.7: Temperaturverläufe infolge Erwärmung in den Löchern

Spannungen mit dem Element *solid185* berechnet werden. Diese werden durch die Verläufe der VON MISES-Spannungen für beide Lastfälle und deren Superposition in Abb. 7.8 verdeutlicht.

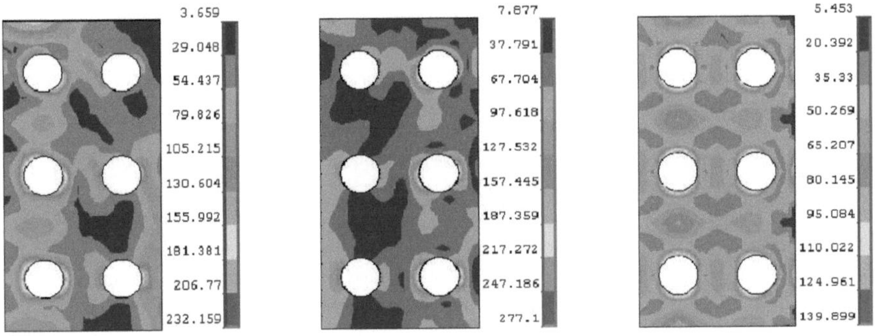

(a) Temperaturbelastung der linken Löcher

(b) Temperaturbelastung der rechten Löcher

(c) Temperaturbelastung aller Löcher

Abbildung 7.8: Verläufe der Vergleichsspannungen infolge Erwärmung in den Löchern

Sind die elastischen Spannungen bestimmt, dann kann der Einspielbereich mithilfe der Innere Punkte Methode bestimmt werden. Von hier an macht es keinen Unterschied, ob die Spannungen durch mechanische oder durch thermische Lasten hervorgerufen wurden.

Der mit IPSA berechnete Einspielbereich sowie die elastische Lösung werden in Abb. 7.9 dargestellt. Zum Vergleich sind außerdem die Ergebnisse von IPDCA und dem Open-Source Software-Paket IPOPT [128–130] dargestellt.

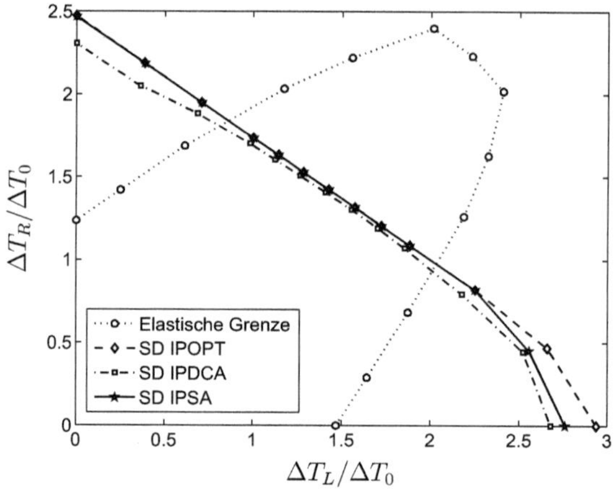

Abbildung 7.9: Elastizitätsgrenze und Einspielbereich (SD) der Rohrplatte

Diskussion der numerischen Ergebnisse

Im Allgemeinen garantiert das Einspieltheorem, dass das betrachtete System weder infolge von inkrementellem Kollaps noch infolge alternierender Plastizität versagt. In diesem speziellen Fall ist nur die Bedingung für alternierende Plastizität maßgebend.

Es ist zu bemerken, dass -im Gegensatz zu den Temperaturverläufen (Abb. 7.7)- die elastischen Spannungsfelder infolge der Geometrie und der Randbedingungen nicht symmetrisch sind, Abb. 7.8. Deshalb ist der resultierende Einspielbereich ebenfalls nicht symmetrisch.

Unabhängig davon mag es erstaunen, dass scheinbar eine Region im Lastraum existiert, für die der elastische Grenzlastfaktor α_{EL} größer ist als der Einspielfaktor α_{SD}, $\alpha_{EL} > \alpha_{SD}$. Um das erklären zu können, werden in Abb. 7.10 die elastische Grenzkurve (gepunktet) und die Einspielkurve (gestrichelt) dargestellt. Dabei wird ein konstantes Lastverhältnis T_2/T_1 betrachtet, repräsentiert durch den Winkel φ im Lastraum. Für diesen Winkel φ kann der elastische Grenzlastfaktor α_{EL} durch eine simultane Laststeigerung beider Lasten bis zum Erreichen der Elastizitätsgrenze ermittelt werden. Entsprechend repräsentiert der zugehörige Punkt B auf der elastischen Grenzkurve einen einzelnen Lastpfad, nämlich die proportionale Belastung in der durch φ beschriebenen Richtung.

Im Gegensatz dazu beschreibt jeder Punkt auf der Einspielkurve , z.B. der Punkt A, einen ganzen sicheren Bereich Ω'. Für den gegebenen Winkel φ ist dieser rechteckige Bereich im Lastraum in Abb. 7.10 in grau geplottet. Das System spielt für jeden beliebigen Belastungspfad innerhalb dieses Bereichs Ω' ein.

Außerdem existiert ein in dunkelgrau gedruckter Bereich, in dem Ω' den elastischen Bereich verlässt. Alle Belastungspfade, die diesen Bereich durchlaufen, führen zu plastischem Materialverhalten. Beispielsweise ist in Abb. 7.10 der Lastpfad $(0,0) \longrightarrow (T_1',0) \longrightarrow (T_1',T_2')$ hervorgehoben. Daraus folgt, dass Belastungspfade mit plastischem Materialverhalten im Einspielbereich existieren, auch wenn $\alpha_{SD} < \alpha_{EL}$ gilt.

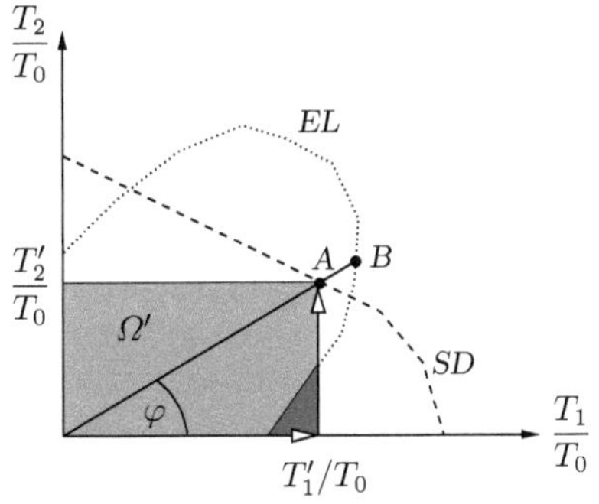

Abbildung 7.10: Elastizitätsgrenze und Einspielbereich bei festgelegtem Verhältnis der Lasten

Um das Auftreten der alternierenden Plastizität zu erklären, wird wieder der Lastpfad mit maximaler Beanspruchung für den Punkt A in Abb. 7.10 betrachtet. Zuerst wird die Temperaturlast in den linken Löchern aufgebracht, $(0,0) \longrightarrow (T_1', 0)$, und danach wird zusätzlich die Temperaturlast in den rechten Löchern erhöht, $(T_1', 0) \longrightarrow (T_1', T_2')$. Die zu den Punkten $(T_1', 0)$ und (T_1', T_2') gehörenden, äquivalenten elastischen Spannungsverläufe sind qualitativ in Abb. 7.8(a) und Abb. 7.8(c) dargestellt. Da die am meisten belasteten Punkte der Struktur in den Kanten um die Löcher liegen, in denen die Spannungszustände überwiegend einachsial sind, ist es für qualitative Schlussfolgerungen ausreichend, die äquivalenten Spannungen zu betrachten.

Die äquivalenten elastischen Spannungswerte der Verteilung in Abb. 7.8(c) sind signifikant kleiner als diejenigen in Abb. 7.8(a). Deshalb muss es sich bei dem zweiten Lastschritt $(T_1', 0) \longrightarrow (T_1', T_2')$ um Entlastung in den am meisten belasteten Punkten handeln, die für das Versagen verantwortlich sind. Wenn man nun den gezeigten Belastungspfad als zyklisch betrachtet, dann treten entsprechend plastische Deformationen mit alternierenden Vorzeichen auf. Ähnliche Argumentationsketten können für jeden der möglichen Belastungspfade formuliert werden, die im zugehörigen Bereich Ω' enthalten sind. Deshalb ist die Grenzlast infolge alternierender Plastizität verglichen mit der Elastizitätsgrenze relativ klein, da die Existenz eines einzelnen zeitunabhängigen Eigenspannungsfeldes für alle möglichen Belastungspfade innerhalb von Ω' notwendig ist, damit das System einspielen kann.

Abschließend werden in Tab. 7.7 die Rechenzeiten von IPSA mit denen von IPDCA und IPOPT miteinander verglichen. Alle Rechnungen wurden auf einem *IBMe326m* mit 16384 MB RAM und zwei AMD Opteron-Prozessoren mit 3000 MHz durchgeführt. Da zwecks simultaner Rechnung die Werte für $\varphi = 0°$ und $\varphi = 90°$ mit IPOPT auf anderen Computern ermittelt wurden, werden die zugehörigen Rechenzeiten nicht angegeben, da die Vergleichbarkeit nicht gegeben ist. Die Rechnungen mit IPOPT sind für das gemeinsame Paper [107] von MIN CHEN durchgeführt worden.

Aus den Kurven in Abb. 7.9 ist gut zu erkennen, dass im Rahmen der numerisch erreichbaren Genauigkeit die Ergebnisse von IPOPT und IPSA in den meisten Punkten identisch sind. Nur für kleine Winkel φ ergeben sich verschiedene Resultate. Auch mit den Ergebnissen von IPDCA ist eine gute Übereinstimmung zu erkennen.

Es zeigt sich allerdings ein eklatanter Unterschied in der dafür benötigten Rechenzeit. Die

Tabelle 7.7: Vergleich der Rechenzeiten in [s]

φ	IPOPT	IPDCA	IPSA
0°	—	112 241	314
10°	88 320	112 783	296
20°	53 739	113 862	325
30°	61 662	104 846	325
40°	24 410	101 102	318
50°	2 483	95 304	326
60°	32 978	92 810	301
70°	14 086	96 530	267
80°	36 206	105 335	278
90°	—	101 527	299

CPU-Zeiten von IPOPT schwanken sehr stark, sind aber durchgängig deutlich größer als die entsprechenden Zeiten von IPSA . Der Faktor zwischen diesen beiden liegt ungefähr zwischen 8 bei $\varphi = 50°$ und 300 bei $\varphi = 10°$. Für jeden der berechneten Winkel ist die Rechenzeit mit IPDCA deutlich am größten. Diese Rechnungen dauern mehr als 300-mal so lange wie die entsprechenden Berechnungen mit IPSA .

7.3 Abgewinkelter Rohrabzweig unter thermomechanischer Belastung

Als drittes Beispiel wird ein schräger Rohrleitungsanschluss mit einem Winkel von 60° zwischen Hauptrohr und Stutzen betrachtet.
In [74] werden numerische und experimentelle Ergebnisse für schräge Rohrstutzen unter Innendruck in Kombination mit verschiedenen äußeren Lasten angegeben. Die zusätzliche Belastung durch Temperaturlasten wird hingegen in der Literatur kaum untersucht. In dieser Arbeit wird deshalb der Rohrabzweig durch Innendruck und durch Temperatur belastet, die unabhängig voneinander variieren können. Da es sich bei beiden um symmetrische Lastfälle handelt, reicht es aus, nur das halbe System zu betrachten, Abb. 7.11. Das verwendete FEM-Modell wurde im Rahmen einer Projektarbeit[1] von DAVID HUET erstellt. Das linke Ende des Rohrs ist fest eingespannt, während das rechte Rohrende nur in Längsrichtung festgehalten wird. Der Stutzen wird an seinem freien Ende als geschlossen angenommen, ohne dass die Verschiebungen eingeschränkt werden. Die charakteristischen Dimensionen des Rohrstutzens können Tab. 7.8 entnommen werden. Der Rohrstutzen ist aus Stahl mit den in Tab. 7.9 angegebenen mechanischen und thermischen Kennwerten gefertigt.
Für die Finite Elemente Berechnung wird das Software-Paket ANSYS verwendet. Das System ist mit isoparametrischen Volumenelementen (kubisch mit 8 Knoten) diskretisiert,

[1]D. Huet: *Comparative computations of shakedown loads with different interior-point algorithms using Finite Element Methods*, Institut für Allgemeine Mechanik, RWTH Aachen

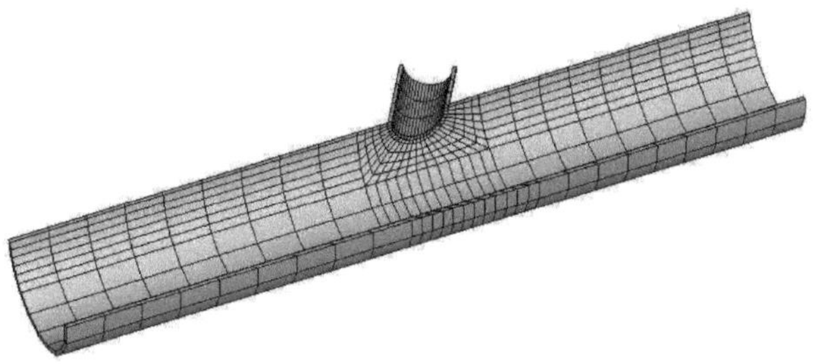

Abbildung 7.11: FEM-Modell des Rohrstutzens

Tabelle 7.8: Abmessungen des Rohrstutzens

	Länge [mm]	Innenradius [mm]	Dicke [mm]
Rohr	600.00	53.55	3.6
Stutzen	157.15	18.60	2.6

Tabelle 7.9: Thermische und mechanische Kennwerte

Elastizitätsmodul [MPa]	2.1×10^5
Fließspannung [MPa]	235
Querkontraktionskoeffizient	0.3
Dichte [kg/m^3]	7.85×10^3
Wärmeleitfähigkeit [W/(m·K)]	48
Spezifische Wärmekapazität [J/(kg·K)]	470
Wärmeausdehnungskoeffizient [1/K]	1.2×10^{-5}
Wärmeübergangszahl Platte–Luft [W/(m^2·K)]	200
Wärmeübergangszahl Platte–Flüssigkeit [W/(m^2·K)]	1200

insbesondere wird das Element *solid70* für die Berechnung des Temperaturverlaufs benutzt, danach findet das Element *solid185* Anwendung für die Strukturanalyse. Das verwendete Netz besteht aus 1136 Knoten und 510 Elementen (1 Element über die Dicke).
Als Ergebnis der FEM-Analyse sind in Abb. 7.12 und Abb. 7.13 die Vergleichsspannungen infolge der Lastfälle Temperatur und Innendruck gezeigt. Zur Berechnung wurden die willkürlich gewählten Lasten $p = 2$ MPa und $\Delta T = 20$ K verwendet. Wie auch in [74] beschrieben, tritt das Beanspruchungsmaximum infolge reiner Innendruckbelastung an der spitzwinkligen Seite auf.
Es werden die Einspielfaktoren für verschiedene Winkel φ im zweidimensionalen Lastraum bestimmt. Der elastische Bereich und der Einspielbereich werden in Abb. 7.14 dargestellt,

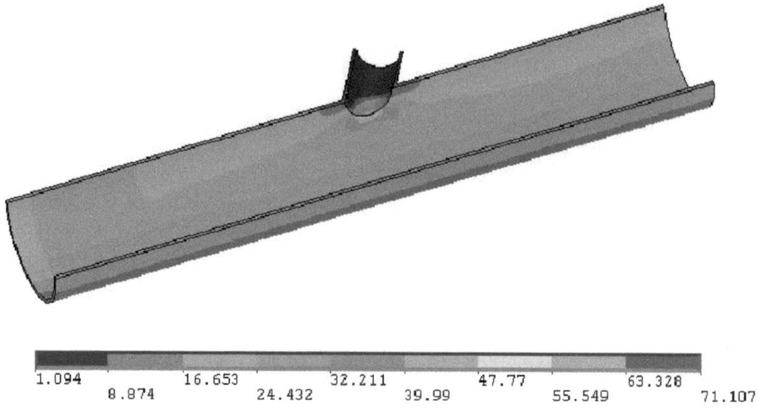

Abbildung 7.12: Vergleichsspannungen infolge Temperaturbelastung

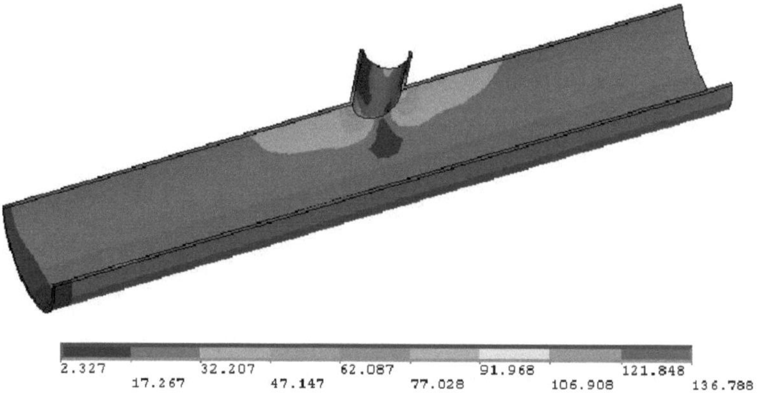

Abbildung 7.13: Vergleichsspannungen infolge Innendruckbelastung

und die zugehörigen Zahlenwerte können aus Tab. 7.10 entnommen werden. Im Gegensatz zu der im vorigen Beispiel angegebenen elastischen Grenzkurve beschreibt hier der elastische Bereich die Menge aller möglichen Belastungspfade, die zu elastischem Materialverhalten führen.

Die Einspielkurve wird durch zwei verschiedene Bereiche definiert, von denen jeder einen näherungsweise linearen Verlauf hat, Abb. 7.14. Der Übergang zwischen diesen beiden Kurven liegt ungefähr bei $\varphi \approx 61.6°$, weshalb dieser Punkt in Abb. 7.14 zusätzlich geplottet wurde. Es ist zu beachten, dass es sich hierbei nicht um verschiedene Mechanismen sondern bei beiden Bereichen um Versagen durch alternierende Plastizität handelt. Der Unterschied liegt in dem jeweils am meisten beanspruchten Punkt. In beiden Lastfällen

Tabelle 7.10: Numerische Resultate der Einspielanalyse des Rohrstutzens

φ	0°	10°	20°	30°	40°	50°	60°	70°	80°	90°
p/σ_Y	0.0292	0.0287	0.0282	0.0277	0.0270	0.0261	0.0249	0.0174	0.0091	0
$E\,\alpha_T\,\Delta T/\sigma_Y$	0	0.1276	0.2589	0.4023	0.5705	0.7847	1.0874	1.2066	1.2939	1.3891

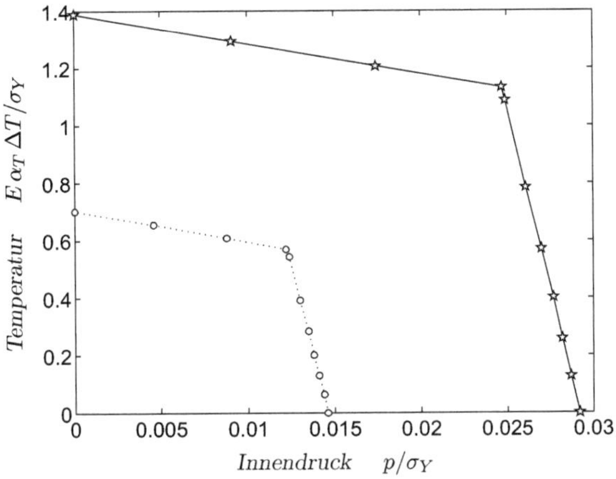

Abbildung 7.14: Elastischer Bereich (gepunktet) und Einspielbereich des Rohrstutzens

liegt der Punkt mit maximaler Beanspruchung auf der Schnittkante zwischen Hauptrohr und Stutzen. Dabei tritt im durch den Innendruck dominierten Bereich die maximale Belastung in Rohrlängsrichtung an der spitzwinkligen Seite auf, Abb. 7.13, während sich die größte Beanspruchung im durch die Temperaturlast dominierten Bereich senkrecht zur Rohrlängsrichtung befindet, Abb. 7.12.

Plausibilitätsbetrachtungen

Um die Plausibilität der Ergebnisse einschätzen zu können, wird der Lastfall Innendruck untersucht. Der elastische Grenzdruck $p_{el}^{60°}$ kann aus dem berechneten elastischen Spannungsverlauf ermittelt werden. Der Maximalwert der elastischen Spannung tritt in der spitzwinkligen Ecke auf und beträgt 136.8 MPa bei einer Belastung durch $p = 2$ MPa. Entsprechend ergibt sich der elastische Grenzdruck zu:

$$p_{el}^{60°} = 0.0146\;\sigma_Y \tag{7.3}$$

Die Traglast des Rohrleitungsabzweigs kann mithilfe des Flächenvergleichsverfahrens abgeschätzt werden, wie es in [131] in Anlehnung an das AD-Merkblatt B9 [78] und die

TRD-Richtlinie 301 [16] vorgestellt wird. Dieses Verfahren beruht auf einer Gleichgewichtsbetrachtung der Resultierenden des Drucks p auf der Belastungsfläche A_p und der Resultierenden der Spannung σ auf der Materialfläche A_σ:

$$p \cdot A_p = \sigma \cdot A_\sigma \tag{7.4}$$

Damit ergeben sich die Normalspannungen zu:

$$\begin{aligned} \text{mittlere Membranspannung:} \quad & \hat{\sigma} = p\, A_p / A_\sigma \\ \text{mittlere Radialspannung:} \quad & \bar{\sigma}_r = -p/2 \end{aligned}$$

Auf Grundlage der im Rohrleitungs- und Behälterbau üblicherweise verwendeten Schubspannungshypothese ergibt sich damit die mittlere Vergleichsspannung wie folgt:

$$\bar{\sigma}_v = \hat{\sigma} - \bar{\sigma}_r = p \left(\frac{A_p}{A_\sigma} + \frac{1}{2} \right) \tag{7.5}$$

Um daraus den Grenzdruck p_{limit} berechnen zu können, müssen die zugehörigen Flächen A_{pI} und $A_{\sigma I}$ sowie A_{pII} und $A_{\sigma II}$ aus Abb. 7.15 bestimmt werden.

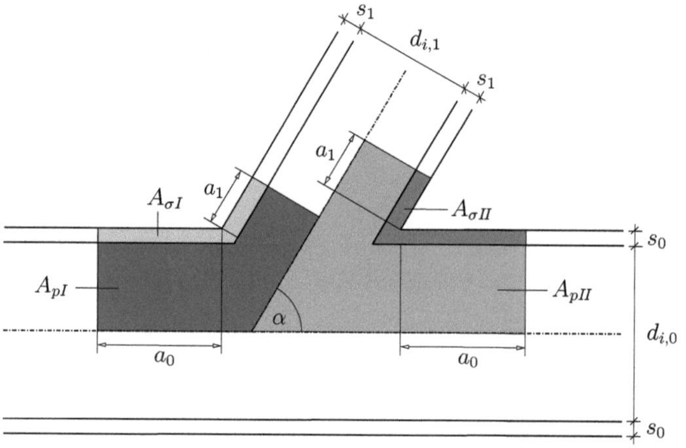

Abbildung 7.15: Relevante Flächen für das Flächenvergleichsverfahren des AD-Merkblatts

Aus [131] werden die folgenden Ausdrücke für die mittragenden Längen des Grundrohrs a_0 und des Stutzens a_1 entnommen:

$$\begin{aligned} a_0 &= \sqrt{(d_{i,0} + s_0)\, s_0} = 20.0 \text{ mm} \\ a_1 &= \left(1 + 0,25\, \frac{\alpha}{90^\circ}\right) \sqrt{(d_{i,1} + s_1)\, s_1} = 11.9 \text{ mm} \end{aligned}$$

Die relevanten Flächen können damit wie folgt bestimmt werden:

$$\begin{aligned} A_{pI} &= \frac{d_{i,0}}{2} a_0 + \frac{d_{i,1}}{2} a_1 - \frac{d_{i,0}^2 \cos\alpha - 2\, d_{i,0}\, d_{i,1} + d_{i,1}^2 \cos\alpha}{8 \sin\alpha} = 1514.8 \text{ mm}^2 \\ A_{pII} &= \frac{d_{i,0}}{2} a_0 + \frac{d_{i,1}}{2} a_1 + \frac{d_{i,0}^2 \cos\alpha + 2\, d_{i,0}\, d_{i,1} + d_{i,1}^2 \cos\alpha}{8 \sin\alpha} = 3370.2 \text{ mm}^2 \\ A_{\sigma I} &= s_0\, a_0 + s_1\, a_1 - \frac{s_0^2 \cos\alpha - 2\, s_0\, s_1 + s_1^2 \cos\alpha}{2 \sin\alpha} = 108.1 \text{ mm}^2 \\ A_{\sigma II} &= s_0\, a_0 + s_1\, a_1 + \frac{s_0^2 \cos\alpha + 2\, s_0\, s_1 + s_1^2 \cos\alpha}{2 \sin\alpha} = 119.4 \text{ mm}^2 \end{aligned}$$

Mit diesen Werten ergeben sich nach (7.5) die folgenden Werte für den Grenzdruck:

$$p_I = \frac{\sigma_Y}{\left(\frac{A_{pI}}{A_{\sigma I}} + \frac{1}{2}\right)} = 0.06888\ \sigma_Y$$

$$p_{II} = \frac{\sigma_Y}{\left(\frac{A_{pII}}{A_{\sigma II}} + \frac{1}{2}\right)} = 0.03482\ \sigma_Y$$

Wie zu erwarten war, ist die spitzwinklige Seite des Abzweigs maßgebend für den Traglastdruck:

$$p_{limit}^{60°} = 0.0348\ \sigma_Y \tag{7.6}$$

Ein Vergleich mit den von MOUHTAMID [82] berechneten Werten für einen senkrechten Rohrabzweig zeigt den Einfluss der Schrägstellung. Dort wurden die folgenden mit dem AD-Merkblatt [78] und IPDCA berechneten Werte für den Grenzdruck angegeben:

$$\text{AD-Merkblatt:} \quad p_{limit}^{90°} = 0.0427\ \sigma_Y \tag{7.7}$$

$$\text{IPDCA:} \quad p_{limit}^{90°} = 0.0450\ \sigma_Y \tag{7.8}$$

Der hier berechnete Wert für den zur Einspielgrenze gehörenden Grenzdruck $p_{SD}^{60°}$ bei reiner Druckbelastung beträgt nach Tab. 7.10:

$$p_{SD}^{60°} = 0.0292\ \sigma_Y \tag{7.9}$$

Es ist einsichtig, dass der zur Einspielgrenze gehörende Grenzdruck (7.9) kleiner als der zur Traglast gehörende Grenzdruck (7.6) ist, wobei beide die gleiche Größenordnung haben.
Für einen weiteren Vergleich wird eine Berechnung aus [74] herangezogen. Dort wird in Abb. 52 die Einspielkurve an einem vergleichbaren Rohrabzweig unter Innendruck und äußerer Belastung gezeigt. Der Einspieldruck $\hat{p}_{SD}^{60°}$ für reine Druckbelastung kann dort in Abhängigkeit vom elastischen Grenzdruck $\hat{p}_{el}^{60°}$ abgelesen werden:

$$\frac{\hat{p}_{SD}^{60°}}{\hat{p}_{el}^{60°}} \approx 1.934 \tag{7.10}$$

Die dort verwendeten Dimensionen stimmen zwar nicht mit den hier gewählten Abmessungen überein, die Verhältnisse sind aber ähnlich genug, um vergleichbare Ergebnisse zu liefern. Mit dem elastischen Grenzdruck nach (7.3) liefert die Referenzlösung (7.10) von MEIER [74] den folgenden Wert:

$$\hat{p}_{SD}^{60°} = 0.0282\, \sigma_Y \tag{7.11}$$

Die Übereinstimmung zwischen dem hier berechneten Wert $p_{SD}^{60°}$ und der Vergleichslösung von MEIER $\hat{p}_{SD}^{60°}$ ist offensichtlich.

8 Selektiver Algorithmus

Die Effizienz des vorgestellten Algorithmus IPSA wurde bereits bei der Anwendung in Kapitel 7 unter Beweis gestellt. Dennoch ist es für die Berechnung großer Strukturen erforderlich, den Rechenaufwand so weit wie möglich zu reduzieren. Eine Möglichkeit das zu Erreichen ist bereits in [48] vorgeschlagen worden. Dort wird eine Strategie zur Reduktion des Systems auf die plastisch aktiven Substrukturen vorgestellt, die allerdings nicht implementiert worden ist. In [110] wurde diese Idee aufgegriffen und erstmals in einen Innere Punkte Algorithmus implementiert.
Die Grundidee des Algorithmus besteht darin, zunächst das Gesamtsystem wie gehabt zu berechnen, den Iterationsprozess aber schon frühzeitig abzubrechen, lange bevor Konvergenz erreicht ist. Das so berechnete Zwischenergebnis wird benutzt, um die aktiven Zonen des Systems zu identifizieren, aus denen ein reduziertes System gebildet wird. Dieses reduzierte System wird dann bis zur Konvergenz gelöst.
Damit dieses Vorgehen Erfolg haben kann, muss zunächst untersucht werden, ob sich die zugrundeliegenden mechanischen Überlegungen auf das mathematische Problem übertragen lassen.

8.1 Kohärenz zwischen mechanischem und mathematischem Problem

Es entspricht der gängigen Herangehensweise von konstruktiven Ingenieuren, sich auf die am meisten beanspruchten Teilsysteme einer Struktur zu konzentrieren. Es ist hingegen aus mathematischer Sicht nicht ohne nähere Untersuchung ersichtlich, welchen Einfluss das Beschränken auf Teilsysteme auf die Lösung des Optimierungsproblems hat. Die mechanisch motivierte Reduktion des Systems kann nur gelingen, wenn eine entsprechende Kohärenz zwischen den mathematischen Variablen des Optimierungsproblems einerseits und den mechanischen Größen des Einspielproblems andererseits nachgewiesen werden kann. Dafür werden in Abb. 8.1 und in Abb. 8.2 die Ergebnisse der Optimierungsprobleme für die Lochscheibe aus Abschnitt 7.1 und den Rohrstutzen aus Abschnitt 7.3 dargestellt. Bemerkenswert ist dabei, dass die durch Retransformation des Lösungsvektors $\boldsymbol{x}$ nach (3.35) und (3.40b) ermittelten Ergebnisse mit den aus mechanischer Sicht zu erwartenden Spannungen übereinstimmen. Die für die vierte Lastecke dargestellten Verläufe Abb. 8.1(d) und Abb. 8.2(d) entsprechen genau den sich einstellenden Eigenspannungen, da in beiden Fällen diese Ecke mit dem Koordinatenursprung des zweidimensionalen Lastraums zusammen fällt, $\mu_1^- = \mu_2^- = 0$.
Da es sich um die Werte des jeweils letzten Iterationsschrittes handelt, erreichen die Maximalwerte sowohl der Eigenspannungen als auch des für das Versagen maßgeblichen Lastfalls fast die Fließspannung. Bei der Lochscheibe mit $\sigma_Y = 280$ MPa (abweichend von Kapitel 7.1) betrifft das die Lastecken drei und vier, Abb. 8.1(c) und Abb. 8.1(d), bei dem Rohrstutzen mit $\sigma_Y = 235$ MPa die Lastecken eins und vier, Abb. 8.2(a) und Abb. 8.2(d).

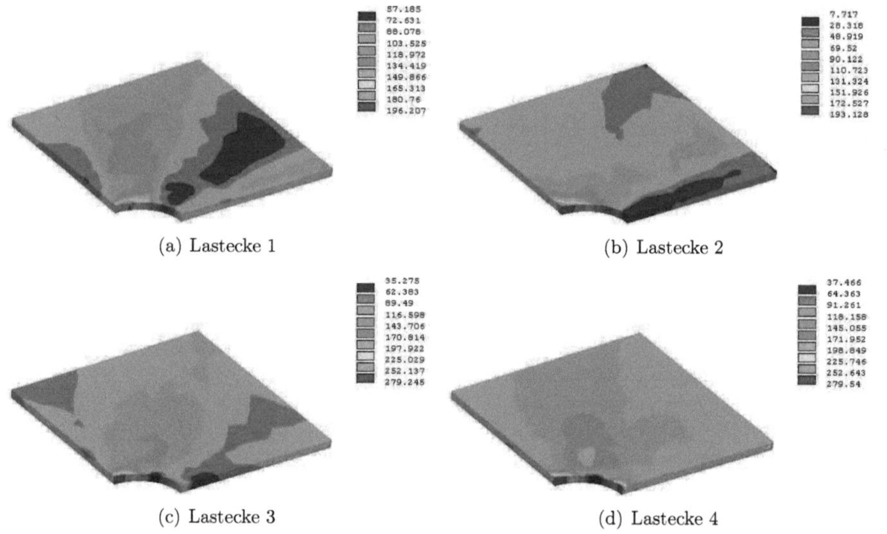

Abbildung 8.1: Mathematische Lösung des Optimierungsproblems der Lochscheibe

Mit diesen Beispielen kann die Kohärenz der mathematischen und der mechanischen Variablen veranschaulicht werden. Die sich aus dem Optimierungsprozess ergebenden Werte sind physikalisch interpretierbar. Das gilt nicht nur für die endgültigen Resultate sondern für die Ergebnisse jedes einzelnen Iterationsschritts.

8.2 Entwicklung der aktiven Zonen

Um das Gesamtsystem auf die plastisch aktiven Zonen zu reduzieren, ist zunächst die Definition eines Kriteriums notwendig, wann ein Element als aktiv gilt. In [48] werden diejenigen Elemente als aktiv betrachtet, deren Eigenspannung einen bestimmten Grenzwert überschreiten. Dieses Kriterium kann allerdings nur dann sinnvoll angewendet werden, wenn die Plastifizierung genügend fortgeschritten ist und sich bereits Eigenspannungen ausgebildet haben. Damit der Iterationsprozess auch vorher abgebrochen werden kann, wird das Kriterium hier stattdessen in Abhängigkeit von den absoluten Spannungen $\boldsymbol{\sigma}$ formuliert:

$$\text{if:} \quad F(\boldsymbol{\sigma}) \geq \kappa\, \sigma_Y \qquad \text{then:} \quad \text{GP ist aktiv} \tag{8.1}$$

Ein GAUSS-Punkt (GP) gilt als aktiv, wenn die VON MISES-Vergleichsspannung $F(\boldsymbol{\sigma})$ mindestens das κ-fache der Fließspannung σ_Y erreicht. Wird ein GP eines Elements als aktiv identifiziert, wird dieses Element und alle benachbarten Elemente ebenfalls als aktiv gesetzt. GP und Knoten von aktiven Elementen sind aktiv. Darüber hinaus wird jedes Element aktiviert, das von aktiven Elementen eingeschlossen ist.
Im vorherigen Abschnitt wurde bereits der Zusammenhang zwischen den mathematischen

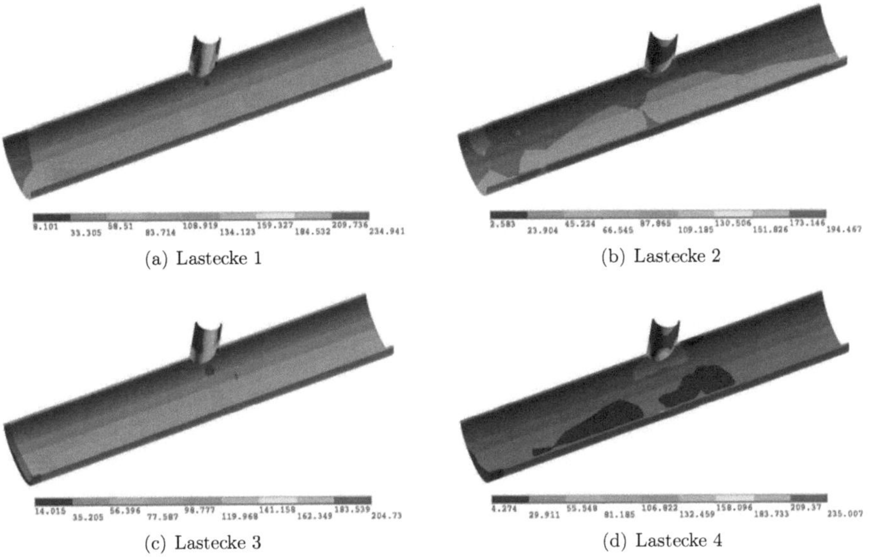

(a) Lastecke 1

(b) Lastecke 2

(c) Lastecke 3

(d) Lastecke 4

Abbildung 8.2: Mathematische Lösung des Optimierungsproblems des Rohrstutzens

und den mechanischen Variablen aufgezeigt. Dieser lässt sich auch an der Entwicklung der aktiven Zonen ablesen, der in Abb. 8.4 für die Lochscheibe mit $\varphi = 45°$ und $\kappa = 0.8$ dargestellt wird. Nach einem anfänglich ungeordneten Zustand der aktiven Elemente in der Startphase (Abb. 8.3(b)) sind über einen langen Zeitraum hinweg alle Elemente inaktiv. Erst bei Iterationsschritt 250 treten wieder aktive Elemente auf. In der nachfolgenden Entwicklung der aktiven Zonen ist deutlich zu erkennen, dass sie sich um die Punkte mit maximaler Belastung herum ausbilden, Abb. 8.4.

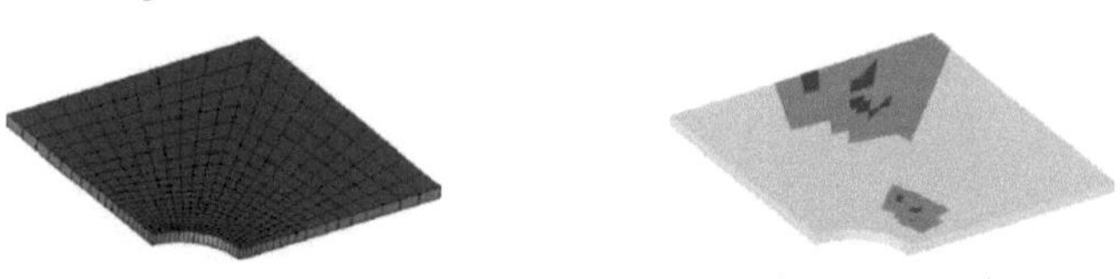

(a) FEM-Modell

(b) Iteration 20/352

Abbildung 8.3: Modell und anfänglich ungeordneter Zustand der Lochscheibe

Der gezeigte Verlauf mit einem relativ hohen Faktor $\kappa = 0.8$ zeigt die Entwicklung der aktiven Zonen am Ende der Iteration. Wesentlich für den selektiven Algorithmus ist darüber hinaus, dass sich ähnliche Evolutionen auch frühzeitig im Iterationsprozess beobachten lassen, wenn κ kleiner gewählt wird. Das wird im folgenden Verlauf für den Rohrstutzen mit $\kappa = 0.2$ veranschaulicht, Abb. 8.5.

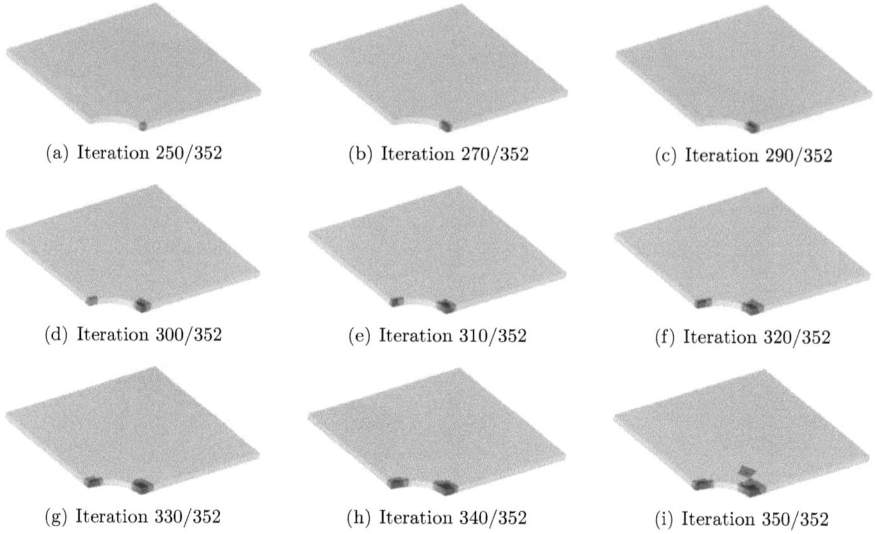

(a) Iteration 250/352 (b) Iteration 270/352 (c) Iteration 290/352

(d) Iteration 300/352 (e) Iteration 310/352 (f) Iteration 320/352

(g) Iteration 330/352 (h) Iteration 340/352 (i) Iteration 350/352

Abbildung 8.4: Entwicklung aktiver Zonen bei der Lochscheibe mit $\varphi = 45°$ und $\kappa = 0.8$

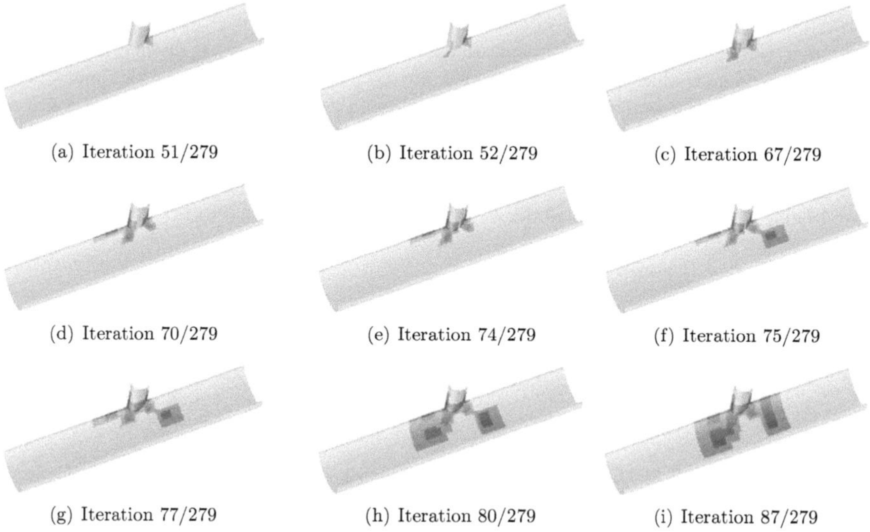

(a) Iteration 51/279 (b) Iteration 52/279 (c) Iteration 67/279

(d) Iteration 70/279 (e) Iteration 74/279 (f) Iteration 75/279

(g) Iteration 77/279 (h) Iteration 80/279 (i) Iteration 87/279

Abbildung 8.5: Entwicklung aktiver Zonen beim Rohrstutzen mit $\varphi = 45°$ und $\kappa = 0.20$

Es ist zu beobachten, dass die dargestellten aktiven Zonen des Rohrstutzens mit denen übereinstimmen, die sich bei Faktoren von ungefähr $\kappa > {}^2/_3$ am Ende des Iterationsverlaufs einstellen. Sie eignen sich deshalb besonders als reduziertes System, das Gesamtsystem muss nur bis etwa ein Drittel der Iterationsanzahl durchlaufen werden.

8.3 Berechnung des reduzierten Systems

Sind die aktiven Elemente des Systems bestimmt, wird es auf die aktive Substruktur reduziert. Dafür werden die entsprechenden Variablen aus dem Lösungsvektor extrahiert und die zugehörigen Ungleichungsnebenbedingungen entfallen. Für die Gleichungsnebenbedingungen werden in der Koeffizientenmatrix $\boldsymbol{A}$ sowohl die zu inaktiven GP gehörigen Spalten als auch die zu inaktiven Knoten gehörigen Zeilen gestrichen. Die Dimension des Optimierungsproblems wird dadurch drastisch verkleinert.
Wie KREIMEIER in seiner Bachelorarbeit[1] gezeigt hat, treten Schwierigkeiten bei Problemen auf, bei denen mehrere voneinander unabhängige Zonen existieren. Das gilt beispielsweise bei der Lochscheibe, bei der sich zwei separierte Zonen ausbilden. In diesen Fällen kann es passieren, dass der Löser nicht konvergiert. Wählt man hingegen manuell eine zusammenhängende Zone, die die aktiven Bereiche beinhaltet, ist ein stabiles Verhalten zu beobachten. Dafür werden um das Loch herum ringförmige Zonen betrachtet Abb. 8.6.

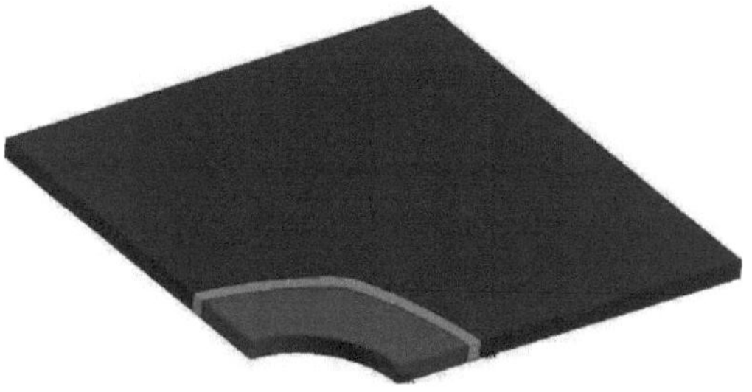

Abbildung 8.6: Ringförmig gewählte aktive Zone der Lochscheibe

Es werden Zonen mit verschiedener Anzahl an Ringen berechnet, wobei $\varphi = 30°$ angenommen wird. Die Ergebnisse werden von KREIMEIER übernommen und sind in Tab. 8.1 zusammen gestellt.
Die präsentierten Ergebnisse zeigen das Potential des selektiven Algorithmus. Die Rechenzeit kann mit 57 s bei 7 Ringen auf etwa 20% der CPU-Zeit des Gesamtsystem mit 270 s reduziert werden. Man muss dabei allerdings beachten, dass das Problem der nichtzusammenhängenden Zonen noch nicht gelöst ist.
Desweiteren ist zu erkennen, dass das Ergebnis des reduzierten Systems nicht mit dem des Gesamtsystems übereinstimmt, wenn zu wenig aktive Elemente gewählt werden. Um die Gültigkeit des am reduzierten System berechneten Ergebnis zu gewährleisten, muss es abschließend ins Gesamtsystem injiziert werden. Hierbei ist nicht klar, wie die vormals in-

[1] M. Kreimeier: *Entwicklung eines selektiven Algorithmus für die Innere Punkte Methode zur Bestimmung von Einspiellasten*, Institut für Allgemeine Mechanik, RWTH Aachen

Tabelle 8.1: Numerische Ergebnisse des reduzierten Systems

Ringe	GP aktiv	NK aktiv	α	Iter	CPU [s]
2	320	126	1.239*	186	9
3	480	168	1.328*	198	15
4	640	210	1.427*	232	25
5	800	252	1.511*	227	32
6	960	294	1.608*	270	47
7	1120	336	1.678	270	57
8	1280	378	1.678	217	56
9	1440	420	1.678	217	66
10	1600	462	1.678	217	76
15	2400	672	1.678	286	161
GS	3200	882	1.678	335	270

* mit gelockerten Konvergenzkriterien

aktiven Variablen angepasst werden können. An dieser Stelle sind weitere Untersuchungen notwendig, die den Rahmen dieser Arbeit überschreiten.

9 Erweiterung für mehrdimensionale Lasträume

In Kapitel 3 ist die Formulierung des aus dem Einspieltheorem resultierenden Optimierungsproblems angegeben worden. Dort wurden die in [1, 2, 47] für die einfachen Spezialfälle von ein- und zweidimensionalen Lasträumen beschriebenen Transformationen für eine beliebige, endlich große Anzahl von Lastfällen NL verallgemeinert.
In diesem Kapitel wird die Anwendung dieser verallgemeinerten Formulierung beschrieben. Es sind bisher keine Ergebnisse für Probleme mit mehrdimensionalen Lasträumen in der Literatur zu finden. Die zum Abschluss dieses Kapitels angegebenen Resultate für ein Problem mit drei voneinander unabhängig variierenden Lasten sind die ersten dieser Art.

9.1 Beschreibung von mehrdimensionalen Lasträumen

In 3.2.1 wurde bereits die folgende Beschreibung des Lastraums Ω angegeben.

$$\Omega = \left\{ \mathcal{H}(\boldsymbol{x},t) \;\middle|\; \mathcal{H}(\boldsymbol{x},t) = \sum_{\ell=1}^{NL} \mu_\ell(t)\, P_0(\boldsymbol{x})\,,\ \forall \boldsymbol{\mu} \in \mathcal{U} \right\} \tag{9.1}$$

Dabei wird sich auf solche Belastungsgeschichten $\mathcal{H}(\boldsymbol{x},t)$ beschränkt, die als Linearkombination der einzelnen NL Lastfälle ausgedrückt werden können. Die einzelnen Lasten $P_\ell(\boldsymbol{x},t)$ werden dabei auf die generalisierte Einheitslast $P_0(\boldsymbol{x})$ skaliert und die Zeitabhängigkeit wird durch die Lastmultiplikatoren $\mu_\ell(t)$ erfasst. Für jeden dieser Lastmultiplikatoren werden Grenzwerte in der folgenden Form angegeben.

$$\mu_\ell^- \le \mu_\ell(t) \le \mu_\ell^+ \tag{9.2}$$

Damit kann die Menge $\mathcal{U}$ aller möglichen Kombinationen der Lastfälle innerhalb der durch (9.2) beschriebenen Grenzen definiert werden, wobei die Lastmultiplikatoren in dem Vektor $\boldsymbol{\mu} = \mu_\ell\, \boldsymbol{e}_\ell$ zusammengefasst werden.

$$\mathcal{U} = \left\{ \boldsymbol{\mu} \in \mathbb{R}^{NL} \;\middle|\; \mu_\ell^- \le \mu_\ell \le \mu_\ell^+\,,\ \forall \ell \in [1, NL] \right\} \tag{9.3}$$

Entsprechend können die elastischen Referenzspannungen durch eine Kombination der einzelnen Lastfälle beschrieben werden.

$$\boldsymbol{\sigma}^E(\boldsymbol{x},t) = \sum_{\ell=1}^{NL} \mu_\ell(t)\, \boldsymbol{\sigma}_\ell^E(\boldsymbol{x}) \tag{9.4}$$

Diese Beschreibung der elastischen Spannungen durch Lastfaktoren ist notwendig, da die ursprünglich verwendete Methodik, bei der das betrachtete Lastverhältnis durch einen

Winkel φ im Lastraum definiert wird, nicht auf mehrdimensionale Probleme übertragen werden kann.
Die Anwendung der FEM führt auf die Angabe der Spannungen in den GAUSS-Punkten $r \in [1, NG]$. Die Spannungen $\boldsymbol{\sigma}^E_{r,\ell}$ können durch elastische Strukturanalysen für den jeweiligen Lastfall ℓ mittels gängiger FEM-Software ermittelt werden.

$$\boldsymbol{\sigma}^E_r(t) = \sum_{\ell=1}^{NL} \mu_\ell(t)\, \boldsymbol{\sigma}^E_{r,\ell} \tag{9.5}$$

Die NL gegebenen Lasten spannen einen NL-dimensionalen Polyeder als Lastraum Ω mit $NC = 2^{NL}$ Ecken auf, die die Basislasten des Lastraums darstellen. Es ist ausreichend, nur diese Basislasten zu betrachten, um sicher zu stellen, dass das System für alle möglichen Lasten innerhalb des Lastraums einspielt. Daher kann die Zeitabhängigkeit von $\boldsymbol{\sigma}^E$ dadurch berücksichtigt werden, dass die Spannungszustände in den Ecken $j \in [1, NC]$ des Lastraums ausgewertet werden. Dafür wird die Matrix $\boldsymbol{U}_{NL} \in \mathbb{R}^{NC \times NL}$ mit den Einträgen $U_{j\ell}$ eingeführt, wobei $j \in [1, NC]$ und $\ell \in [1, NL]$.

$$\boldsymbol{\sigma}^{E,j}_r = \sum_{\ell=1}^{NL} U_{j\ell} \boldsymbol{\sigma}^E_{r,\ell} \tag{9.6}$$

Jede Zeile der dadurch eingeführten Matrizen $\boldsymbol{U}_{NL}$ repräsentiert die Koordinaten einer der Ecken des Lastbereichs im NL-dimensionalen Lastraum – skaliert mit der Einheitslast P_0. Das Aufstellen solcher Matrizen $\boldsymbol{U}_{NL}$ für spezielle Einzelfälle erscheint trivial, wohingegen es sich als kompliziert heraus stellt, eine allgemeine Vorgehensweise für jede beliebige Anzahl von Lastfällen NL anzugeben. Im Rahmen dieser Arbeit wurde die folgende Vorgehensweise neu entwickelt, die auf einer speziellen Anordnung der Lastecken basiert.
Der Einfachheit halber wird das Vorgehen zunächst für den Fall von drei unabhängigen Lasten veranschaulicht, $NL = 3$, für den die Matrix $\boldsymbol{U}_3$ defniert wird.

$$\boldsymbol{U}_3 = \left[\begin{array}{c|c|c}
\mu_1^+ & \mu_2^+ & \mu_3^+ \\
\mu_1^- & \mu_2^+ & \mu_3^+ \\ \cline{1-1}
\mu_1^+ & \mu_2^- & \mu_3^+ \\
\mu_1^- & \mu_2^- & \mu_3^+ \\ \cline{1-2}
\mu_1^+ & \mu_2^+ & \mu_3^- \\
\mu_1^- & \mu_2^+ & \mu_3^- \\ \cline{1-1}
\mu_1^+ & \mu_2^- & \mu_3^- \\
\mu_1^- & \mu_2^- & \mu_3^-
\end{array}\right] \tag{9.7}$$

Der zugehörige Lastbereich im dreidimensionalen Lastraum ist in Abb. 9.1 dargestellt.
Die angesprochene spezielle Anordnung der Lastecken und der zugehörigen Lastmultiplikatoren ist in (9.7) illustriert. Die dritte Spalte besteht aus 2 Abschnitten mit jeweils 4 Einträgen, wobei alle Einträge im ersten Abschnitt den Wert μ_3^+ und alle Einträge im zweiten Abschnitt den Wert μ_3^- aufweisen. Im Folgenden werden solche Substrukturen bestehend aus zwei solcher Abschnitte als *Block* bezeichnet. Entsprechend kann die zweite

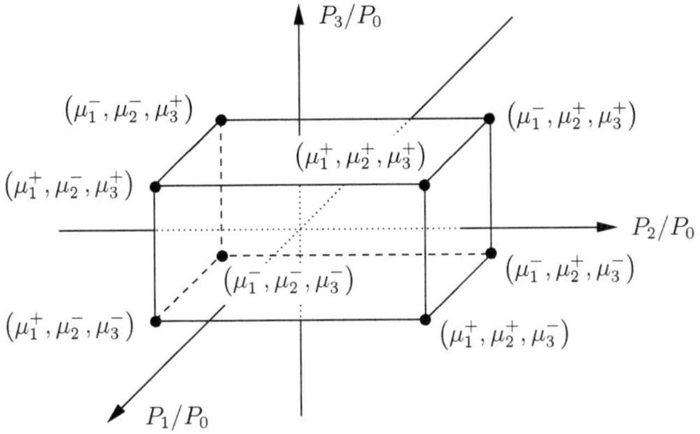

Abbildung 9.1: Belastungsbereich in einem dreidimensionalen Lastraum

Spalte der Matrix $\boldsymbol{U}_3$ in zwei Blöcke eingeteilt werden, von denen jeder Block je zwei Werte μ_2^+ und μ_2^- besitzt. Die erste Spalte beinhaltet vier Blöcke mit jeweils einem Eintrag μ_1^+ und μ_1^-.

Dieses Ordnungsschema kann für den Fall von NL beliebig vielen Lastfällen verallgemeinert werden. Die letzte Spalte jeder zugehörigen Matrix $\boldsymbol{U}_{NL} \in \mathbb{R}^{NC \times NL}$ besteht aus nur einem Block mit $NC/2$ Einträgen μ_{NL}^+ und μ_{NL}^-. Die vorletzte Spalte ist aus zwei Blöcken zusammengesetzt, die jeweils $NC/4$ Einträge μ_{NL-1}^+ und μ_{NL-1}^- aufweisen, und so weiter. Als letztes kann die erste Spalte der Matrix in $NC/2$ Blöcke gespaltet werden, wobei jeder Block nur aus je einem Paar μ_1^+ und μ_1^- besteht.

Mit dem folgenden Vorgehen können dadurch die Matrizen $\boldsymbol{U}_{NL} \in \mathbb{R}^{NC \times NL}$ spaltenweise definiert werden:

> For $\ell = 1, 2, \ldots, NL$ do:
> Schreibe in der betrachteten Spalte ℓ untereinander $2^{NL-\ell}$ Blöcke, wobei jeder der Blöcke aus $2^{\ell-1}$ Einträgen mit dem maximalen Lastmultiplikator μ_ℓ^+ gefolgt von $2^{\ell-1}$ Einträgen mit dem minimalen Lastmultiplikator μ_ℓ^- besteht.

Die beschriebene Prozedur ist nicht auf mechanische Lasten begrenzt, sondern kann auch für thermische Lasten verwendet werden. Genau wie in den Beispielen 7.2 und 7.3 für zweidimensionale Probleme, geht die Temperatur T nur bei der Berechnung der elastischen Spannungen $\boldsymbol{\sigma}_{r,\ell}^E$ der mit Temperaturbelastung assoziierten Lastfälle ℓ ein, solange alle Materialparameter als temperaturunabhängig angesehen werden. Deshalb können mechanische und thermische Lasten in ähnlicher Weise behandelt werden, und Unterschiede treten nur in der technischen Umsetzung des Verfahrens auf, [107].

9.2 Anwendung: Quadratische Lochscheibe unter dreidimensionaler Belastung

Der Algorithmus mit der beschriebenen Erweiterung für mehrdimensionale Lasträume wird validiert, indem das in Abschnitt 7.1 behandelte typische Problem der quadratischen Scheibe mit rundem, zentriertem Loch erweitert wird. Zusätzlich zu den beiden Flächenlasten wird eine Temperaturbelastung im Innern des Lochs aufgebracht, Abb. 9.2.

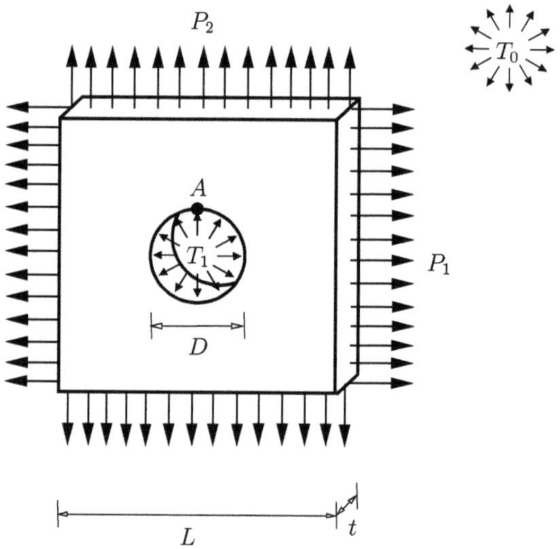

Abbildung 9.2: System und dreidimensionale, thermomechanische Belastung

Es werden die gleichen Dimensionen wie im Beispiel 7.1 gewählt, Tab. 9.1.

Tabelle 9.1: Dimensionen der Lochscheibe

Länge L in [mm]	100
Tiefe t in [mm]	2
Durchmesser D in [mm]	20

Außerdem wird die Scheibe aus dem gleichen, als homogen und isotrop angenommenen Material 2024–T6 Aluminium, gefertigt. Die mechanischen und thermischen Eigenschaften können Tab. 9.2 entnommen werden. Die Materialparameter werden als temperaturunabhängig angenommen. Außerdem werden ausschließlich stationäre Prozesse betrachtet, wobei angenommen wird, dass sich Temperaturänderungen hinreichend langsam einstellen. Darüber hinaus wird Kriechen infolge hoher Temperaturen nicht berücksichtigt.

Tabelle 9.2: Thermische und mechanische Kennwerte

Elastizitätsmodul [MPa]	7.24×10^4
Fließspannung [MPa]	345
Querkontraktionskoeffizient	0.33
Dichte [kg/m^3]	2.78×10^3
Wärmeleitfähigkeit [W/(m·K)]	151
Spezifische Wärmekapazität [J/(kg·K)]	875
Wärmeausdehnungskoeffizient [1/K]	2.47×10^{-5}
Wärmeübergangszahl Platte–Luft [W/(m^2·K)]	200
Wärmeübergangszahl Platte–Flüssigkeit [W/(m^2·K)]	1200

Unter Berücksichtigung der Symmetrie des Systems wird nur ein Viertel der Scheibe betrachtet. Das System ist mit isoparametrischen Volumenelementen (kubisch mit 8 Knoten) in ANSYS diskretisiert. Für die thermische Analyse zur Berechnung des Temperaturfeldes wird das Element vom Typ *solid70* benutzt, für die Strukturanalyse zur Berechnung der elastischen Spannungen wird der Elementtyp *solid185* verwendet. Das Netz besteht aus 882 Knoten und 400 Elementen, Abb. 9.3.

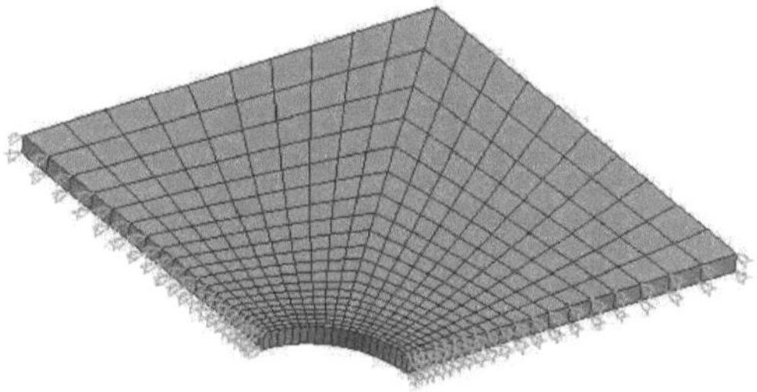

Abbildung 9.3: FEM-Modell der Lochscheibe

Zusätzlich zu den beiden Flächenlasten P_1 und P_2 an den Kanten der Lochscheibe wird eine Temperaturbelastung ΔT am Rand des Lochs eingeprägt. Alle drei Lasten variieren unabhängig von einander. Für die Berechnung der elastischen Spannungen wurden die beliebig gewählten Werte $P_0 = 100$ MPa, $T_0 = 300$ K und $T_1 = 500$ K angesetzt. Die Lastmultiplikatoren werden mit $\mu_1^- = \mu_2^- = \mu_3^- = 0$ derart gewählt, dass die Lasten innerhalb der folgenden Grenzen variieren:

$$0 \leq P_1 \leq \mu_1^+ P_0 \quad (9.8a)$$

$$0 \leq P_2 \leq \mu_2^+ P_0 \quad (9.8b)$$

$$0 \leq \Delta T \leq \mu_3^+ \Delta T_0 \quad (9.8c)$$

Der zugehörige Belastungsbereich ist in Abb. 9.4 dargestellt. Außerdem sind die 111 Punkte des dreidimensionalen Lastraums gezeigt, für die die Berechnung durchgeführt worden ist.

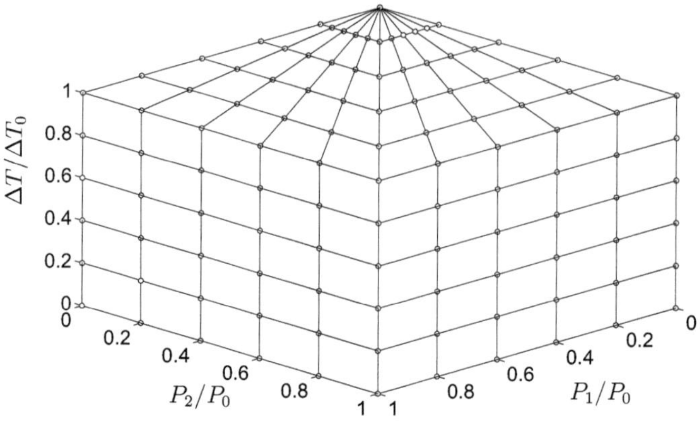

Abbildung 9.4: Belastungsbereich und berechnete Lastpunkte

Die Ergebnisse dieser Berechnungen können als Sequenz von zweidimensionalen Abbildungen dargestellt werden, Abb. 9.5. In diesen Abbildungen werden die Resultate für verschiedene Verhältnisse μ_1^+/μ_2^+ gezeigt, von denen jedes einzelne Verhältnis einen festen Winkel in der P_1–P_2-Ebene repräsentiert. Dabei ist zu beachten, dass hier nur dieses Verhältnis der maximalen Lastmultiplikatoren konstant gehalten wird, wohingegen alle drei Lasten in allen Rechnungen unabhängig von einander variieren können.
Eine anschaulichere Art der Darstellung zeigt Abb. 9.6, in der der gesamte Einspielbereich im dreidimensionalen Lastraum angegeben ist. Zugunsten einer deutlicheren Illustration ist der Punkt $(0, 0, 22.823)$ dort nicht geplottet, da ansonsten der Abstand zwischen den restlichen Punkten zu stark reduziert werden müsste.
Für einige spezifische Lastverhältnisse sind die numerischen Ergebnisse in Tab. 9.3 aufgelistet. Zwecks einer materialunabhängigen Darstellung werden die Koordinaten der Punkte im skalierten Lastraum angegeben.
Die hohen Werte der Einspielfaktoren in dem von der Temperatur dominierten Bereich, $\mu_1^+ < 0.5\,\mu_3^+$ und $\mu_2^+ < 0.5\,\mu_3^+$, sind nur von theoretischem Interesse. Die zugehörigen Temperaturen sind so hoch, dass die Annahme der Temperaturunabhängigkeit der Materialparameter nicht aufrecht erhalten werden kann, wenn realistisches Materialverhalten betrachtet wird. Es wird jedoch deutlich, dass der Einfluss der Temperaturlast auf den Einspielfaktor auch dann nicht zu vernachlässigen ist, wenn der durch die Flächenlasten dominierte Bereich betrachtet wird.
Abschließend wird diese Rechnung des dreidimensionalen Problems mit dem zweidimensionalen Beispiel 7.1 verglichen. Die relevanten numerischen Details werden in Tab. 9.4 einander gegenüber gestellt. Für beide Fälle werden die repräsentativen Zahlen angegeben,

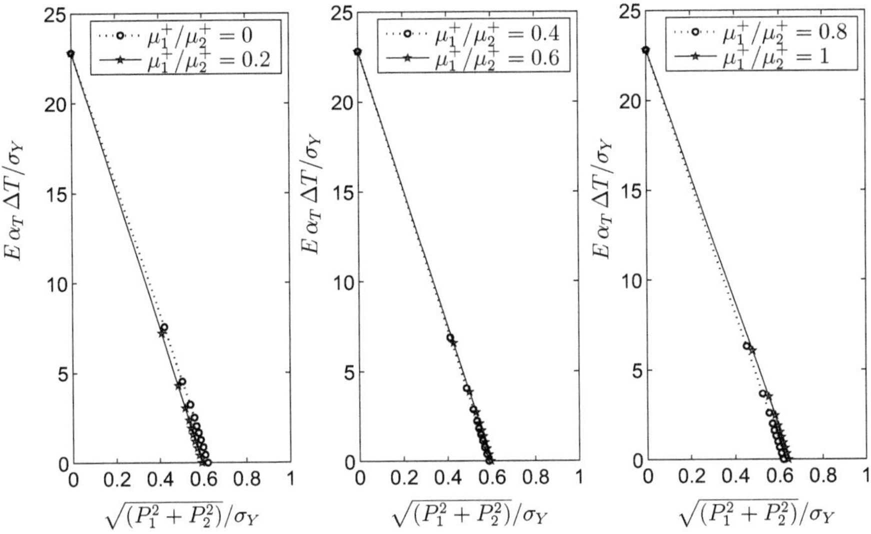

Abbildung 9.5: Einspielbereiche in Ebenen mit festen Verhältnissen μ_1^+/μ_2^+

Tabelle 9.3: Numerische Ergebnisse der Einspielanalyse im dreidimensionalen Lastraum

$(\mu_1^+, \mu_2^+, \mu_3^+)$	P_1/σ_Y	P_2/σ_Y	$E\,\alpha_T\,\Delta T/\sigma_Y$
(1, 0, 0)	0.619	0	0
(0, 1, 0)	0	0.611	0
(0, 0, 1)	0	0	22.823
(1, 1, 0)	0.454	0.454	0
(0, 1, 1)	0	0.566	2.022
(1, 0, 1)	0.568	0	2.029
(1, 1, 1)	0.426	0.426	1.523
(0.5, 0.5, 1)	0.402	0.402	2.876
(0.5, 1, 0.5)	0.254	0.508	0.908
(1, 0.5, 0.5)	0.508	0.254	0.907
(0.5, 1, 1)	0.244	0.489	1.748
(1, 0.5, 1)	0.489	0.244	1.747
(1, 1, 0, 5)	0.440	0.440	0.786

die die Dimensionen des Problems beschreiben. Dabei bezeichnen NK die Gesamtanzahl

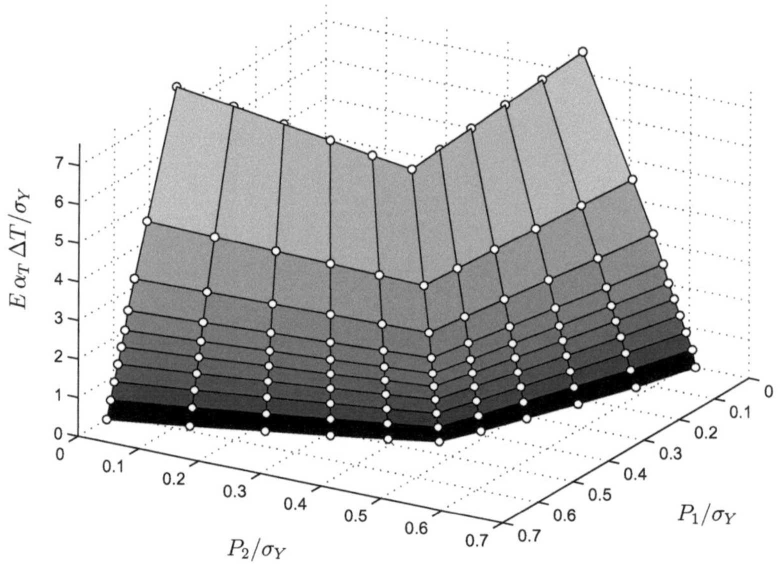

Abbildung 9.6: Einspielbereich im dreidimensionalen Lastraum

der Knoten des Systems, NG die Gesamtanzahl der GAUSS-Punkte des Systems und NC die Anzahl der Lastecken im Lastraum. Die Anzahl der Variablen ist mit n bezeichnet, während m_E und m_I die Anzahl der Gleichungs- und Ungleichungsnebenbedingungen angeben.

Darüber hinaus werden die Mittelwerte der Anzahl der notwendigen Iterationen sowie der erforderlichen Rechenzeiten angegeben. Da die Anzahl der Iterationen sehr sensitiv gegenüber den verwendeten Konvergenzkriterien und vor allem gegenüber den zugehörigen Toleranzen ist, sind diese Mittelwerte aussagekräftiger als Absolutwerte. Außerdem sind im dreidimensionalen Fall viel mehr Punkte im Lastraum zu berechnen.

Ähnlich lässt sich für die Rechenzeiten argumentieren, wenn man die Sensitivität der CPU-Zeiten gegenüber der Prozessorleistung und der Arbeitsspeicherkapazität des jeweils verwendeten Computers berücksichtigt. Daher werden auch die Rechenzeiten normiert auf den zweidimensionalen Fall angegeben. Für konkrete Zahlenwerte wird an dieser Stelle auf Tab. 7.4 verwiesen, aus der die erforderlichen Rechenzeiten bei Verwendung eines PC mit 4096 MB RAM und einem AMD Opteron-Prozessor mit 2200 MHz entnommen werden können.

Wie man in Tab. 9.4 erkennen kann, ist die Anzahl der Variablen im dreidimensionalen Fall nahezu doppelt so groß wie die Anzahl der Variablen im zweidimensionalen Fall. Die Anzahl der Restriktionen des Optimierungsproblems wird sogar mehr als verdoppelt.

Tabelle 9.4: Vergleich des 2D- und des 3D-Falls

	2D-Fall	3D-Fall
NK	882	882
NG	3 200	3 200
NC	4	8
n	67 201	131 201
m_E	50 646	114 646
m_I	12 800	25 600
⌀ Iterationen	100 %	113 %
⌀ CPU-Zeit	100 %	249 %

Der signifikante Anstieg der erforderlichen Rechenzeit um das 2.5-fache ist deshalb nicht verwunderlich. Es ist allerdings beachtlich, dass sich die Anzahl der Iterationen kaum verändert.
Zusammenfassend lässt sich schlussfolgern, dass die in dieser Arbeit beschriebene theoretische Erweiterung für mehrdimensionale Lasträume erfolgreich implementiert werden konnte. Die Rechenzeit ist zwar signifikant größer als im zweidimensionalen Fall. Allerdings überzeugt der Algorithmus auch im 3D-Fall mit einer durchschnittlichen CPU-Zeit von etwa 428 s mit dem oben genannten PC durch seine Effizienz.
Da es sich um die erste Präsentation von Ergebnissen für mehrdimensionale Probleme handelt, ist das untersuchte Beispiel illustrativ und hat eher akademischen Charakter, da es in Anlehnung an das typische Validierungsproblem im zweidimensionalen Fall ausgewählt wurde. Nichtsdestotrotz erlaubt die beschriebene Methodik die Anwendung auf komplexere Strukturen und komplexere Lastzustände.

10 Berücksichtigung von begrenzter kinematischer Verfestigung

Bisher wurde ausschließlich elastisch-ideal plastisches Materialverhalten betrachtet. Um realitätsnahe Ergebnisse zu erzielen, ist es jedoch erforderlich, die Verfestigung des Materials zu berücksichtigen, die in Kapitel 2.3.3 beschrieben wurde. Einspieluntersuchungen mit Berücksichtigung der Verfestigung sind in der Literatur bereits ausführlich behandelt worden, u.a. [67, 77, 98, 142]. In den genannten Arbeiten wurde nur die unbegrenzte kinematische Verfestigung untersucht.
Die Annahme von unbegrenzt kinematisch verfestigendem Materialverhalten erlaubt allerdings die Beschreibung von inkrementellem Kollaps nicht, sondern es kann ausschließlich die alternierende Plastizität damit erfasst werden, [56, 57, 98, 142]. Deshalb sind Verfahren zur Berücksichtigung von begrenzter kinematischer Verfestigung von großer Bedeutung, [28, 44, 71, 86, 94–97, 111–114, 133]. Die begrenzte kinematische Verfestigung wurde erstmals von Weichert und Gross-Weege theoretisch und numerisch untersucht, [44, 133], gefolgt von Stein et al [112–114]. In [52] konnte später Heitzer zeigen, wie die beiden verschiedenen Modelle ineinander überführt werden können.
Da das statische Einspieltheorem in Spannungsgrößen formuliert ist, eignet es sich besonders zur Erweiterung für begrenzte kinematische Verfestigung. Insbesondere bietet die Verwendung von Zwei-Flächen-Modellen eine einfache Möglichkeit, dieses Phänomen in die Formulierung einzubetten, [44, 86, 97, 111, 133].

10.1 Zwei-Flächen-Modell der begrenzten kinematischen Verfestigung

Wie bereits in Kapitel 2.3.3 beschrieben, kann die kinematische Verfestigung als Translation der Fließfläche im Spannungsraum aufgefasst werden. Dabei bewegt sich die Fließfläche von der Anfangsfließfläche $f_Y^0(\boldsymbol{v}, \sigma_Y) = 0$ zu der aktuellen Folgefließfläche $f_Y(\boldsymbol{v}, \sigma_Y) = 0$, ohne dass sich ihre Größe oder Orientierung dabei ändern. Die absoluten Spannungen $\boldsymbol{\sigma}$ werden dafür in zwei Anteile $\boldsymbol{\pi}$ und $\boldsymbol{v}$ zerlegt, von denen der eine Anteil $\boldsymbol{\pi}$ die Bewegung des Fließflächenmittelpunktes beschreibt, während der andere Anteil $\boldsymbol{v}$ verantwortlich für das Auftreten der plastischen Verzerrungen ist.

$$\boldsymbol{\sigma}(\boldsymbol{x}, t) = \boldsymbol{\pi}(\boldsymbol{x}, t) + \boldsymbol{v}(\boldsymbol{x}, t) \tag{10.1}$$

Die Spannungen $\boldsymbol{\pi}$ werden im Englischen *back stresses* genannt, hier werden sie [11] folgend als Bauschingerspannungen bezeichnet. Im Allgemeinen ist die Verfestigung des Materials dadurch gekennzeichnet, dass die Bauschingerspannungen $\boldsymbol{\pi}$ abhängig von den plastischen Verzerrungen $\boldsymbol{\varepsilon}^{pl}$ sind. Bei Anwendung von inkrementellen Methoden wird die Änderung der Bauschingerspannungen $d\boldsymbol{\pi}$ mithilfe der Verfestigungsregel angegeben. Werden hingegen die Direkten Methoden angewendet, ist die konkrete Angabe einer Verfestigungsregel nicht notwendig.

Um die Begrenzung der kinematischen Verfestigung zu erfassen, wird in dieser Arbeit dem von WEICHERT und GROSS-WEEGE in [133] vorgeschlagenen Ansatz gefolgt, in dem ein Zwei-Flächen-Modell Verwendung findet, Abb. 10.1. Dabei wird die Bewegung der Fließfläche durch die Begrenzungsfläche $f_H(\boldsymbol{\sigma}, \sigma_H) = 0$ begrenzt.

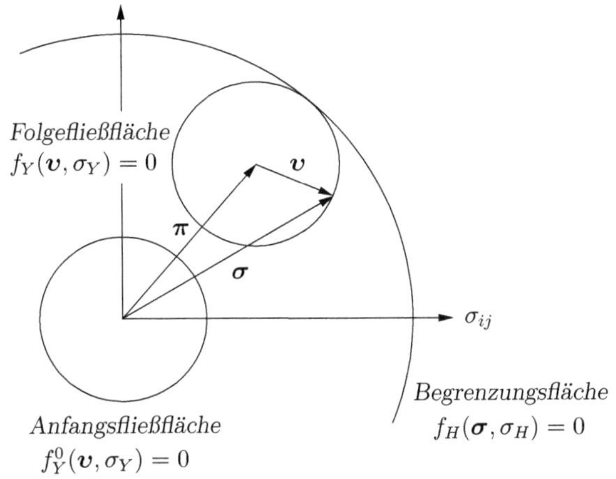

Abbildung 10.1: Schematische Darstellung der begrenzten kinematischen Verfestigung

Wie schon in Abschnitt 3.2.3 wird der folgende Zusammenhang zwischen den absoluten Spannungen $\boldsymbol{\sigma}_r^j$ in der Lastecke j im GAUSS-Punkt r des Systems, den elastischen Referenzspannungen $\boldsymbol{\sigma}_r^{E,j}$ und den Eigenspannungen $\bar{\boldsymbol{\rho}}_r$ angesetzt, wobei α wie zuvor den Laststeigerungsfaktor bezeichnet.

$$\boldsymbol{\sigma}_r^j = \alpha\, \boldsymbol{\sigma}_r^{E,j} + \bar{\boldsymbol{\rho}}_r \tag{10.2}$$

Die Eigenspannungen $\bar{\boldsymbol{\rho}}_r$ sind zeitunabhängig und deshalb auch unabhängig von der betrachteten Lastecke j. Mit (10.1) können die reduzierten Spannungen $\boldsymbol{\upsilon}_r^j$ in ähnlicher Weise ausgedrückt werden. Dabei ist zu beachten, dass auch die Bauschingerspannungen $\bar{\boldsymbol{\pi}}_r$ unabhängig von der betrachteten Lastecke sind, weil die Begrenzungsfläche feststeht.

$$\boldsymbol{\upsilon}_r^j = \boldsymbol{\sigma}_r^j - \bar{\boldsymbol{\pi}}_r = \alpha\, \boldsymbol{\sigma}_r^{E,j} + \bar{\boldsymbol{\rho}}_r - \bar{\boldsymbol{\pi}}_r \tag{10.3}$$

Damit kann das MELAN'sche Theorem mit Berücksichtigung der begrenzten kinematischen

Verfestigung durch das folgende Optimierungsproblem beschrieben werden.

$$(\mathcal{P}^{\star}_{Melan}) \qquad \alpha_{SD} = \max \alpha$$

$$\sum_{r=1}^{NG} \mathbb{C}_r \cdot \bar{\boldsymbol{\rho}}_r = \mathbf{0} \tag{10.4a}$$

$$\forall j \in [1, NC],\ \forall r \in [1, NG]:$$

$$f_Y\left(\alpha\, \boldsymbol{\sigma}_r^{E,j} + \bar{\boldsymbol{\rho}}_r - \bar{\boldsymbol{\pi}}_r, \sigma_{Y,r}\right) \leq 0 \tag{10.4b}$$

$$\forall j \in [1, NC],\ \forall r \in [1, NG]:$$

$$f_H\left(\alpha\, \boldsymbol{\sigma}_r^{E,j} + \bar{\boldsymbol{\rho}}_r, \sigma_{H,r}\right) \leq 0 \tag{10.4c}$$

Sowohl die sich bewegende Fließfläche $f_Y(\boldsymbol{v}, \sigma_Y)$ als auch die Begrenzungsfläche $f_H(\boldsymbol{\sigma}, \sigma_H)$ werden mit dem Kriterium nach VON MISES beschrieben. Dieses kann nach (3.34) mit den Platzhaltern $\boldsymbol{\delta}$ und σ wie folgt angegeben werden.

$$f(\boldsymbol{\delta}, \sigma) = (\delta_1 - \delta_2)^2 + (\delta_2 - \delta_3)^2 + (\delta_3 - \delta_1)^2 + 6\left[(\delta_4)^2 + (\delta_5)^2 + (\delta_6)^2\right] - 2\,\sigma^2 \tag{10.5}$$

Mit den in den Gleichungen (3.35)–(3.40b) beschriebenen Transformationen kann dieses Kriterium durch die Euklidische Norm des Vektors $\boldsymbol{d}$ ausgedrückt werden.

$$f(\boldsymbol{d}, \sigma) = \|\boldsymbol{d}\|_2^2 - 2\,\sigma^2 \qquad \text{mit:} \qquad \boldsymbol{d} = \boldsymbol{L}^T \cdot \bar{\boldsymbol{T}}^{-1} \cdot \boldsymbol{\delta} \tag{10.6}$$

Man kann entsprechend sowohl $\boldsymbol{\sigma}_r^j$ als auch $\boldsymbol{v}_r^j$ für den Platzhalter $\boldsymbol{\delta}$ einsetzen.

$$f\left(\boldsymbol{u}_r^j, \sigma_H\right) = \left\|\boldsymbol{u}_r^j\right\|_2^2 - 2\,\sigma_H^2 \qquad \text{mit:} \qquad \boldsymbol{u}_r^j = \boldsymbol{L}^T \cdot \bar{\boldsymbol{T}}^{-1} \cdot \boldsymbol{\sigma}_r^j \tag{10.7}$$

$$f\left(\boldsymbol{\nu}_r^j, \sigma_Y\right) = \left\|\boldsymbol{\nu}_r^j\right\|_2^2 - 2\,\sigma_Y^2 \qquad \text{mit:} \qquad \boldsymbol{\nu}_r^j = \boldsymbol{L}^T \cdot \bar{\boldsymbol{T}}^{-1} \cdot \boldsymbol{v}_r^j \tag{10.8}$$

In Kapitel 3.2.3 wurde mit (3.52) weiterhin gezeigt, wie sich die Bedingung der Zeitunabhängigkeit der Eigenspannungen $\bar{\boldsymbol{\rho}}_r = const(j)$ ausnutzen lässt, um die Spannungen verschiedener Lastecken miteinander in Beziehung zu setzen.

$$\boldsymbol{u}_r^{j+1} = \boldsymbol{u}_r^j - \alpha\, \boldsymbol{L}^T \cdot \bar{\boldsymbol{T}}^{-1} \cdot \left(\boldsymbol{\sigma}_r^{E,j} - \boldsymbol{\sigma}_r^{E,j+1}\right) \tag{10.9}$$

Auch die Bauschingerspannungen sind zeitunabhängig, $\bar{\boldsymbol{\pi}}_r = const(j)$, weshalb sich mit (10.3) folgende Relation schreiben lässt.

$$\bar{\boldsymbol{\rho}}_r - \bar{\boldsymbol{\pi}}_r = \boldsymbol{v}_r^j - \alpha\, \boldsymbol{\sigma}_r^{E,j} = const(j) \tag{10.10}$$

Entsprechend kann ein zu (10.9) äquivalenter Zusammenhang für die reduzierte Spannung aufgestellt werden.

$$\boldsymbol{\nu}_r^{j+1} = \boldsymbol{\nu}_r^j - \alpha\, \boldsymbol{L}^T \cdot \bar{\boldsymbol{T}}^{-1} \cdot \left(\boldsymbol{\sigma}_r^{E,j} - \boldsymbol{\sigma}_r^{E,j+1}\right) \tag{10.11}$$

Dadurch erhält man schließlich die folgende verallgemeinerte Form des Optimierungsproblems mit Berücksichtigung der begrenzten kinematischen Verfestigung.

$$
\begin{aligned}
(\mathcal{P}_H) \quad & \max \alpha \\
& \tilde{\boldsymbol{A}} \cdot \boldsymbol{u}^1 + \tilde{\boldsymbol{B}} \cdot \boldsymbol{v} - \alpha\, \boldsymbol{b} = \boldsymbol{0} && (10.12a)\\
& \forall r \in [1, NG]\ ,\ \forall j \in [1, NC-1]: \\
& \boldsymbol{u}_r^{j+1} = \boldsymbol{u}_r^j - \alpha\, \boldsymbol{\gamma}_r^j && (10.12b)\\
& \boldsymbol{\nu}_r^{j+1} = \boldsymbol{\nu}_r^j - \alpha\, \boldsymbol{\gamma}_r^j && (10.12c)\\
& \forall r \in [1, NG]\ ,\ \forall j \in [1, NC]: \\
& \left\|\boldsymbol{u}_r^j\right\|_2^2 - 2\,\sigma_{H,r}^2 \leq 0 && (10.12d)\\
& \left\|\boldsymbol{\nu}_r^j\right\|_2^2 - 2\,\sigma_{Y,r}^2 \leq 0 && (10.12e)\\
\text{wobei:} \quad & \boldsymbol{\gamma}_r^j = \boldsymbol{L}^T \cdot \bar{\boldsymbol{T}}^{-1} \cdot \left(\boldsymbol{\sigma}_r^{E,j} - \boldsymbol{\sigma}_r^{E,j+1}\right) && (10.12f)
\end{aligned}
$$

10.2 Lösung des Optimierungsproblems mit begrenzter kinematischer Verfestigung

Es wird nun die Lösungsstrategie des ideal plastischen Problems in Kapitel 5.1 für das erweiterte Problem mit Berücksichtigung der begrenzten kinematischen Verfestigung verallgemeinert. Zugunsten einer übersichtlichen Darstellung werden folgende Abkürzungen verwendet.

$$
\begin{aligned}
n &= (10\,NC + 1) \cdot NG + 1 && (10.13)\\
m_E &= m_E^* + 10NG \cdot (NC - 1) && (10.14)\\
m_I &= NC \cdot NG && (10.15)\\
m &= m_E + 2\,m_I && (10.16)\\
\boldsymbol{x} &= \left[\boldsymbol{u}_1^1, \boldsymbol{u}_2^1, \ldots, \boldsymbol{u}_r^j, \ldots, \boldsymbol{u}_{NG}^{NC}, \boldsymbol{\nu}_1^1, \boldsymbol{\nu}_2^1, \ldots, \boldsymbol{\nu}_r^j, \ldots, \boldsymbol{\nu}_{NG}^{NC}, \boldsymbol{v}, \alpha\right]^T \in \mathbb{R}^n && (10.17)\\
\boldsymbol{c}_H(\boldsymbol{x}) &= 2\,\sigma_{H,r}^2 - \left\|\boldsymbol{u}_r^j\right\|_2^2 \in \mathbb{R}^{m_I} && (10.18)\\
\boldsymbol{c}_Y(\boldsymbol{x}) &= 2\,\sigma_{Y,r}^2 - \left\|\boldsymbol{\nu}_r^j\right\|_2^2 \in \mathbb{R}^{m_I} && (10.19)
\end{aligned}
$$

Das Problem wird in der abgekürzten Form mit $(\mathcal{P}_{IP}^H)$ bezeichnet. Es besteht aus m_E Gleichungsrestriktionen (10.20a), $2\,m_I$ Ungleichungsrestriktionen (10.20b) und (10.20c) sowie n Variablen, die im Lösungsvektor $\boldsymbol{x}$ zusammen gefasst werden.

$$
\begin{aligned}
(\mathcal{P}_{IP}^H) \quad & \min f(\boldsymbol{x}) = -\alpha \\
& \boldsymbol{A}_H \cdot \boldsymbol{x} = \boldsymbol{0} && (10.20a)\\
& \boldsymbol{c}_H(\boldsymbol{x}) \geq \boldsymbol{0} && (10.20b)\\
& \boldsymbol{c}_Y(\boldsymbol{x}) \geq \boldsymbol{0} && (10.20c)\\
& \boldsymbol{x} \in \mathbb{R}^n && (10.20d)
\end{aligned}
$$

Die Koeffizientenmatrix $\boldsymbol{A}_H \in \mathbb{R}^{m_E \times n}$ ist in Abb. 10.2 schematisch dargestellt.

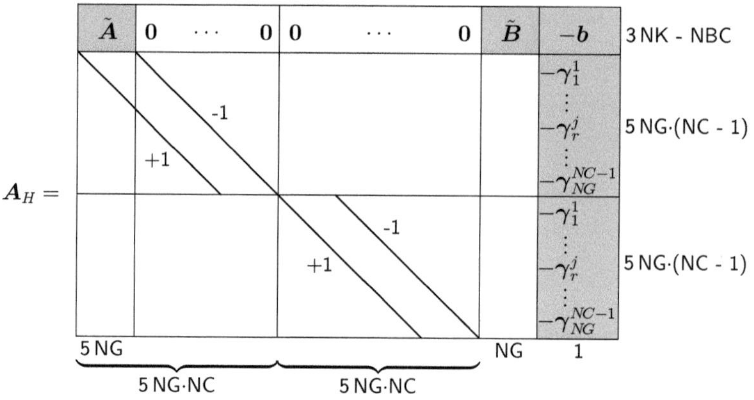

Abbildung 10.2: Schematische Darstellung der Matrix $\boldsymbol{A}_H$ mit Verfestigung

Bevor die KKT auf das aus dem Einspieltheorem resultierende Optimierungsproblem angewendet wird, wird das Problem $(\mathcal{P}_{IP}^H)$ noch durch Einführen der Schlupfvariablen $\boldsymbol{y}, \boldsymbol{z}$ sowie $\boldsymbol{w}_H$ und $\boldsymbol{w}_Y$ modifiziert.

$$
\begin{aligned}
(\mathcal{P}_{IP}^H)^* \quad & \min f(\boldsymbol{x}) \\
& \boldsymbol{A}_H \cdot \boldsymbol{x} = \boldsymbol{0} && (10.21a) \\
& \boldsymbol{c}_H(\boldsymbol{x}) - \boldsymbol{w}_H = \boldsymbol{0} && (10.21b) \\
& \boldsymbol{c}_Y(\boldsymbol{x}) - \boldsymbol{w}_Y = \boldsymbol{0} && (10.21c) \\
& \boldsymbol{x} - \boldsymbol{y} + \boldsymbol{z} = \boldsymbol{0} && (10.21d) \\
& \boldsymbol{w}_H \geq \boldsymbol{0},\ \boldsymbol{w}_Y \geq \boldsymbol{0},\ \boldsymbol{y} \geq \boldsymbol{0},\ \boldsymbol{z} \geq \boldsymbol{0} && (10.21e)
\end{aligned}
$$

Durch das Einführen der Schlupfvariablen $\boldsymbol{w}_H$ und $\boldsymbol{w}_Y$ werden die Ungleichungsrestriktionen (10.20b) und (10.20c) des ursprünglichen Systems $(\mathcal{P}_{IP}^H)$ in Gleichungsrestriktionen überführt. Die Variablen $\boldsymbol{y}$ und $\boldsymbol{z}$ sind erforderlich, um die freie Variable $\boldsymbol{x} \in \mathbb{R}^n$ in (10.20d) zu beherrschen. Die daraus resultierenden Ungleichungen für die Schlupfvariablen (10.21e) werden wie in Kapitel 4.3 als Zusatzterme in die Zielfunktion injiziert. Die Zielfunktion $f(\boldsymbol{x})$ geht dadurch in die Barrierefunktion $f_\mu(\boldsymbol{x}, \boldsymbol{y}, \boldsymbol{z}, \boldsymbol{w}_H, \boldsymbol{w}_Y)$ über.

$$
f_\mu(\boldsymbol{x}, \boldsymbol{y}, \boldsymbol{z}, \boldsymbol{w}_H, \boldsymbol{w}_Y) = f(\boldsymbol{x}) - \mu \left[\sum_{i=1}^{n} \log(y_i) + \sum_{i=1}^{n} \log(z_i) + \sum_{j=1}^{m_I} \log(w_{H,j}) + \sum_{j=1}^{m_I} \log(w_{Y,j}) \right] \tag{10.22}
$$

Das Problem kann dann wie folgt formuliert werden.

$$
\begin{aligned}
(\mathcal{P}_{\mu}^H) \quad & \min f_\mu(\boldsymbol{x}, \boldsymbol{y}, \boldsymbol{z}, \boldsymbol{w}_H, \boldsymbol{w}_Y) \\
& \boldsymbol{A}_H \cdot \boldsymbol{x} = \boldsymbol{0} && (10.23a) \\
& \boldsymbol{c}_H(\boldsymbol{x}) - \boldsymbol{w}_H = \boldsymbol{0} && (10.23b) \\
& \boldsymbol{c}_Y(\boldsymbol{x}) - \boldsymbol{w}_Y = \boldsymbol{0} && (10.23c) \\
& \boldsymbol{x} - \boldsymbol{y} + \boldsymbol{z} = \boldsymbol{0} && (10.23d) \\
& \boldsymbol{w}_H > \boldsymbol{0},\ \boldsymbol{w}_Y > \boldsymbol{0},\ \boldsymbol{y} > \boldsymbol{0},\ \boldsymbol{z} > \boldsymbol{0} && (10.23e)
\end{aligned}
$$

Die zugehörige LAGRANGE-Funktion kann dann in der folgenden Form angegeben werden:

$$\begin{aligned}\mathcal{L}_H = f_\mu(\boldsymbol{x}, \boldsymbol{y}, \boldsymbol{z}, \boldsymbol{w}_H, \boldsymbol{w}_Y) - \boldsymbol{\lambda}_E \cdot (\boldsymbol{A}_H \cdot \boldsymbol{x}) - \boldsymbol{\lambda}_H \cdot (\boldsymbol{c}_H(\boldsymbol{x}) - \boldsymbol{w}_H) \\ - \boldsymbol{\lambda}_Y \cdot (\boldsymbol{c}_Y(\boldsymbol{x}) - \boldsymbol{w}_Y) - \boldsymbol{s} \cdot (\boldsymbol{x} - \boldsymbol{y} + \boldsymbol{z}),\end{aligned} \tag{10.24}$$

wobei $\boldsymbol{\lambda}_E \in \mathbb{R}^{m_E}$, $\boldsymbol{\lambda}_H \in \mathbb{R}_+^{m_I}$, $\boldsymbol{\lambda}_Y \in \mathbb{R}_+^{m_I}$ und $\boldsymbol{s} \in \mathbb{R}_+^n$ die LAGRANGE-Multiplikatoren sind. Die Sattelpunktbedingung (4.15) ist hinreichend:

$$\begin{aligned}
\boldsymbol{\nabla}_x \mathcal{L}_H &= \boldsymbol{\nabla}_x f(\boldsymbol{x}) - \boldsymbol{A}_H^T \cdot \boldsymbol{\lambda}_E - \boldsymbol{C}_H^T(\boldsymbol{x}) \cdot \boldsymbol{\lambda}_H - \boldsymbol{C}_Y^T(\boldsymbol{x}) \cdot \boldsymbol{\lambda}_Y - \boldsymbol{s} = \boldsymbol{0} && (10.25a)\\
\boldsymbol{\nabla}_y \mathcal{L}_H &= -\mu \boldsymbol{Y}^{-1} \cdot \boldsymbol{e} + \boldsymbol{s} = \boldsymbol{0} && (10.25b)\\
\boldsymbol{\nabla}_z \mathcal{L}_H &= -\mu \boldsymbol{Z}^{-1} \cdot \boldsymbol{e} - \boldsymbol{s} = \boldsymbol{0} && (10.25c)\\
\boldsymbol{\nabla}_{w_H} \mathcal{L}_H &= -\mu \boldsymbol{W}_H^{-1} \cdot \boldsymbol{e} + \boldsymbol{\lambda}_H = \boldsymbol{0} && (10.25d)\\
\boldsymbol{\nabla}_{w_Y} \mathcal{L}_H &= -\mu \boldsymbol{W}_Y^{-1} \cdot \boldsymbol{e} + \boldsymbol{\lambda}_Y = \boldsymbol{0} && (10.25e)\\
\boldsymbol{\nabla}_{\lambda_E} \mathcal{L}_H &= -(\boldsymbol{A}_H \cdot \boldsymbol{x}) = \boldsymbol{0} && (10.25f)\\
\boldsymbol{\nabla}_{\lambda_H} \mathcal{L}_H &= -(\boldsymbol{c}_H(\boldsymbol{x}) - \boldsymbol{w}_H) = \boldsymbol{0} && (10.25g)\\
\boldsymbol{\nabla}_{\lambda_Y} \mathcal{L}_H &= -(\boldsymbol{c}_Y(\boldsymbol{x}) - \boldsymbol{w}_Y) = \boldsymbol{0} && (10.25h)\\
\boldsymbol{\nabla}_s \mathcal{L}_H &= -(\boldsymbol{x} - \boldsymbol{y} + \boldsymbol{z}) = \boldsymbol{0} && (10.25i)
\end{aligned}$$

wobei:
$$\begin{aligned}\boldsymbol{C}_H(\boldsymbol{x}) &= \boldsymbol{c}_H(\boldsymbol{x})\boldsymbol{\nabla}_x \in \mathbb{R}^{m_I \times n}\\ \boldsymbol{C}_Y(\boldsymbol{x}) &= \boldsymbol{c}_Y(\boldsymbol{x})\boldsymbol{\nabla}_x \in \mathbb{R}^{m_I \times n}\end{aligned}$$

Um während der Iteration die Konsistenz zu gewährleisten, wird die Variable $\boldsymbol{r}$ in die Gleichung (10.25c) eingeführt. Da beide Variablen $\boldsymbol{r}$ und $\boldsymbol{s}$ per Definition komponentenweise nicht-negativ sein müssen, werden dadurch beide Variablen im Iterationsverlauf gezwungenermaßen zu Nullfolgen.

$$\boldsymbol{r} = -\boldsymbol{s} \tag{10.26}$$

Desweiteren werden die vier Gleichungen (10.25b)–(10.25e) mit den Matrizen $\boldsymbol{Y}$, $\boldsymbol{Z}$, $\boldsymbol{W}_H$ beziehungsweise $\boldsymbol{W}_Y$ multipliziert.

$$\begin{aligned}
-\mu \boldsymbol{e} + \boldsymbol{Y} \cdot \boldsymbol{S} \cdot \boldsymbol{e} &= \boldsymbol{0} && (10.27a)\\
-\mu \boldsymbol{e} + \boldsymbol{Z} \cdot \boldsymbol{R} \cdot \boldsymbol{e} &= \boldsymbol{0} && (10.27b)\\
-\mu \boldsymbol{e} + \boldsymbol{W}_H \cdot \boldsymbol{\Lambda}_H \cdot \boldsymbol{e} &= \boldsymbol{0} && (10.27c)\\
-\mu \boldsymbol{e} + \boldsymbol{W}_Y \cdot \boldsymbol{\Lambda}_Y \cdot \boldsymbol{e} &= \boldsymbol{0} && (10.27d)
\end{aligned}$$

Das resultierende System der Optimierungsbedingungen wird in der Funktion $\boldsymbol{F}_\mu^H(\boldsymbol{\Pi})$ zusammen gefasst, wobei

$$\boldsymbol{\Pi} = [\boldsymbol{x}, \boldsymbol{y}, \boldsymbol{z}, \boldsymbol{w}_H, \boldsymbol{w}_Y, \boldsymbol{\lambda}_E, \boldsymbol{\lambda}_H, \boldsymbol{\lambda}_Y, \boldsymbol{s}, \boldsymbol{r}]^T$$

der Vektor aller auftretenden Variablen ist.

$$\boldsymbol{F}_{\mu}^{H}(\boldsymbol{\Pi}) = -\begin{pmatrix} -\boldsymbol{\nabla}_x f(\boldsymbol{x}) + \boldsymbol{A}_H^T \cdot \boldsymbol{\lambda}_E + \boldsymbol{C}_H^T(\boldsymbol{x}) \cdot \boldsymbol{\lambda}_H + \boldsymbol{C}_Y^T(\boldsymbol{x}) \cdot \boldsymbol{\lambda}_Y + \boldsymbol{s} \\ \mu\, \boldsymbol{e} - \boldsymbol{Y} \cdot \boldsymbol{S} \cdot \boldsymbol{e} \\ \mu\, \boldsymbol{e} - \boldsymbol{Z} \cdot \boldsymbol{R} \cdot \boldsymbol{e} \\ \mu\, \boldsymbol{e} - \boldsymbol{W}_H \cdot \boldsymbol{\Lambda}_H \cdot \boldsymbol{e} \\ \mu\, \boldsymbol{e} - \boldsymbol{W}_Y \cdot \boldsymbol{\Lambda}_Y \cdot \boldsymbol{e} \\ \boldsymbol{A}_H \cdot \boldsymbol{x} \\ \boldsymbol{c}_H(\boldsymbol{x}) - \boldsymbol{w}_H \\ \boldsymbol{c}_Y(\boldsymbol{x}) - \boldsymbol{w}_Y \\ \boldsymbol{x} - \boldsymbol{y} + \boldsymbol{z} \\ \boldsymbol{r} + \boldsymbol{s} \end{pmatrix} = \boldsymbol{0} \qquad (10.28)$$

Wie zuvor wird das nichtlineare Gleichungssystem (10.28) mithilfe des NEWTON-Verfahrens gelöst. Die Schrittwerte $\Delta\boldsymbol{\Pi}_k$ im Iterationsschritt $k+1$ werden aus den im vorherigen Iterationsschritt k bestimmten Werten $\boldsymbol{\Pi}_k$ berechnet.

$$\boldsymbol{J}(\boldsymbol{\Pi}_k) \cdot \Delta\boldsymbol{\Pi}_k = -\boldsymbol{\nabla}_{\Pi} \mathcal{L}_H(\boldsymbol{\Pi}_k) \qquad (10.29)$$

$$\text{wobei:} \quad \boldsymbol{J}(\boldsymbol{\Pi}_k) = \boldsymbol{\nabla}_{\Pi} \mathcal{L}_H(\boldsymbol{\Pi})\, \boldsymbol{\nabla}_{\Pi} \Big|_{\boldsymbol{\Pi}=\boldsymbol{\Pi}_k}$$

Die JACOBI-Matrix $\boldsymbol{J}(\boldsymbol{\Pi})$ der Funktion $\boldsymbol{F}_{\mu}^{H}(\boldsymbol{\Pi})$ kann wie folgt ausgedrückt werden, wobei im Folgenden zugunsten einer übersichtlichen Darstellung auf die Indizierung mit tiefgestelltem k verzichtet wird.

$$\boldsymbol{J}(\boldsymbol{\Pi}) = \begin{pmatrix} \boldsymbol{\nabla}_x^2 \mathcal{L}_H & \boldsymbol{0} & \boldsymbol{0} & \boldsymbol{0} & \boldsymbol{0} & -\boldsymbol{A}_H^T & -\boldsymbol{C}_H^T(\boldsymbol{x}) & -\boldsymbol{C}_Y^T(\boldsymbol{x}) & -\boldsymbol{I}_n & \boldsymbol{0} \\ \boldsymbol{0} & \boldsymbol{S} & \boldsymbol{0} & \boldsymbol{0} & \boldsymbol{0} & \boldsymbol{0} & \boldsymbol{0} & \boldsymbol{0} & \boldsymbol{Y} & \boldsymbol{0} \\ \boldsymbol{0} & \boldsymbol{0} & \boldsymbol{R} & \boldsymbol{0} & \boldsymbol{0} & \boldsymbol{0} & \boldsymbol{0} & \boldsymbol{0} & \boldsymbol{0} & \boldsymbol{Z} \\ \boldsymbol{0} & \boldsymbol{0} & \boldsymbol{0} & \boldsymbol{\Lambda}_H & \boldsymbol{0} & \boldsymbol{0} & \boldsymbol{W}_H & \boldsymbol{0} & \boldsymbol{0} & \boldsymbol{0} \\ \boldsymbol{0} & \boldsymbol{0} & \boldsymbol{0} & \boldsymbol{0} & \boldsymbol{\Lambda}_Y & \boldsymbol{0} & \boldsymbol{0} & \boldsymbol{W}_Y & \boldsymbol{0} & \boldsymbol{0} \\ -\boldsymbol{A}_H & \boldsymbol{0} & \boldsymbol{0} & \boldsymbol{0} & \boldsymbol{0} & \boldsymbol{0} & \boldsymbol{0} & \boldsymbol{0} & \boldsymbol{0} & \boldsymbol{0} \\ -\boldsymbol{C}_H(\boldsymbol{x}) & \boldsymbol{0} & \boldsymbol{0} & \boldsymbol{I}_{m_I} & \boldsymbol{0} & \boldsymbol{0} & \boldsymbol{0} & \boldsymbol{0} & \boldsymbol{0} & \boldsymbol{0} \\ -\boldsymbol{C}_Y(\boldsymbol{x}) & \boldsymbol{0} & \boldsymbol{0} & \boldsymbol{0} & \boldsymbol{I}_{m_I} & \boldsymbol{0} & \boldsymbol{0} & \boldsymbol{0} & \boldsymbol{0} & \boldsymbol{0} \\ -\boldsymbol{I}_n & \boldsymbol{I}_n & -\boldsymbol{I}_n & \boldsymbol{0} & \boldsymbol{0} & \boldsymbol{0} & \boldsymbol{0} & \boldsymbol{0} & \boldsymbol{0} & \boldsymbol{0} \\ \boldsymbol{0} & \boldsymbol{0} & \boldsymbol{0} & \boldsymbol{0} & \boldsymbol{0} & \boldsymbol{0} & \boldsymbol{0} & \boldsymbol{0} & -\boldsymbol{I}_n & -\boldsymbol{I}_n \end{pmatrix} \qquad (10.30)$$

Das Gleichungssystem wird durch sukzessive Elimination solcher Gleichungen kondensiert, die Diagonalmatrizen enthalten, welche trivialerweise invertierbar sind. Die folgenden Variablen werden durch Substitution eliminiert.

$$\begin{aligned}
\Delta\boldsymbol{s} &= -\boldsymbol{E}_1\cdot\boldsymbol{b}_1-\boldsymbol{E}_1\cdot\Delta\boldsymbol{x} && (10.31)\\
\Delta\boldsymbol{y} &= \mu\,\boldsymbol{S}^{-1}\cdot\boldsymbol{e}-\boldsymbol{y}-\boldsymbol{Y}\cdot\boldsymbol{S}^{-1}\cdot\Delta\boldsymbol{s} && (10.32)\\
\Delta\boldsymbol{r} &= -\boldsymbol{r}-\boldsymbol{s}-\Delta\boldsymbol{s} && (10.33)\\
\Delta\boldsymbol{z} &= \mu\,\boldsymbol{R}^{-1}\cdot\boldsymbol{e}-\boldsymbol{z}-\boldsymbol{Z}\cdot\boldsymbol{R}^{-1}\cdot\Delta\boldsymbol{r} && (10.34)\\
\Delta\boldsymbol{w}_H &= \mu\,\boldsymbol{\Lambda}_H^{-1}\cdot\boldsymbol{e}-\boldsymbol{w}_H-\boldsymbol{E}_H\cdot\Delta\boldsymbol{\lambda}_H && (10.35)\\
\Delta\boldsymbol{w}_Y &= \mu\,\boldsymbol{\Lambda}_Y^{-1}\cdot\boldsymbol{e}-\boldsymbol{w}_Y-\boldsymbol{E}_Y\cdot\Delta\boldsymbol{\lambda}_Y && (10.36)\\
\text{wobei:}\quad \boldsymbol{b}_1 &= \boldsymbol{x}+\boldsymbol{z}+\mu\left(\boldsymbol{R}^{-1}-\boldsymbol{S}^{-1}\right)\cdot\boldsymbol{e}+\boldsymbol{R}^{-1}\cdot\boldsymbol{Z}\cdot\boldsymbol{s} && (10.37)\\
\boldsymbol{E}_1 &= \left(\boldsymbol{S}^{-1}\cdot\boldsymbol{Y}+\boldsymbol{R}^{-1}\cdot\boldsymbol{Z}\right)^{-1} && (10.38)\\
\boldsymbol{E}_H &= \boldsymbol{W}_H\cdot\boldsymbol{\Lambda}_H^{-1} && (10.39)\\
\boldsymbol{E}_Y &= \boldsymbol{W}_Y\cdot\boldsymbol{\Lambda}_Y^{-1} && (10.40)
\end{aligned}$$

Das resultierende, kondensierte System ist gegeben durch:

$$\begin{pmatrix} -\left(\boldsymbol{\nabla}_x^2\mathcal{L}_H+\boldsymbol{E}_1\right) & \boldsymbol{A}_H^T & \boldsymbol{C}_H^T(\boldsymbol{x}) & \boldsymbol{C}_Y^T(\boldsymbol{x})\\ \boldsymbol{A}_H & \boldsymbol{0} & \boldsymbol{0} & \boldsymbol{0}\\ \boldsymbol{C}_H(\boldsymbol{x}) & \boldsymbol{0} & \boldsymbol{E}_H & \boldsymbol{0}\\ \boldsymbol{C}_Y(\boldsymbol{x}) & \boldsymbol{0} & \boldsymbol{0} & \boldsymbol{E}_Y \end{pmatrix}\cdot\begin{pmatrix}\Delta\boldsymbol{x}\\ \Delta\boldsymbol{\lambda}_E\\ \Delta\boldsymbol{\lambda}_H\\ \Delta\boldsymbol{\lambda}_Y\end{pmatrix}=\begin{pmatrix}\boldsymbol{d}_1\\ \boldsymbol{d}_2\\ \boldsymbol{d}_3^H\\ \boldsymbol{d}_3^Y\end{pmatrix} \qquad (10.41)$$

Die rechte Seite dieses Systems ergibt sich wie folgt.

$$\begin{aligned}
\boldsymbol{d}_1 &= \boldsymbol{\nabla}_x f(\boldsymbol{x})-\boldsymbol{A}_H^T\cdot\boldsymbol{\lambda}_E-\boldsymbol{C}_H^T(\boldsymbol{x})\cdot\boldsymbol{\lambda}_H-\boldsymbol{C}_Y^T(\boldsymbol{x})\cdot\boldsymbol{\lambda}_Y-\boldsymbol{s}+\boldsymbol{E}_1\cdot\boldsymbol{b}_1 && (10.42a)\\
\boldsymbol{d}_2 &= -\boldsymbol{A}_H\cdot\boldsymbol{x} && (10.42b)\\
\boldsymbol{d}_3^H &= -\boldsymbol{c}_H(\boldsymbol{x})+\mu\,\boldsymbol{\Lambda}_H^{-1}\cdot\boldsymbol{e} && (10.42c)\\
\boldsymbol{d}_3^Y &= -\boldsymbol{c}_Y(\boldsymbol{x})+\mu\,\boldsymbol{\Lambda}_Y^{-1}\cdot\boldsymbol{e} && (10.42d)
\end{aligned}$$

Unter Berücksichtigung der Definition (10.24) der LAGRANGE-Funktion $\mathcal{L}_H$ und ihres Gradienten $\boldsymbol{\nabla}_x\mathcal{L}_H$ nach $\boldsymbol{x}$ in (10.25a) lässt sich die HESSE-Matrix $\boldsymbol{\nabla}_x^2\mathcal{L}_H$ nach $\boldsymbol{x}$ folgendermaßen angeben.

$$\begin{aligned}
\boldsymbol{\nabla}_x^2\mathcal{L}_H &= -\boldsymbol{\nabla}_x^2\left[\boldsymbol{c}_H(\boldsymbol{x})\cdot\boldsymbol{\lambda}_H+\boldsymbol{c}_Y(\boldsymbol{x})\cdot\boldsymbol{\lambda}_Y\right] && (10.43)\\
&= -\sum_{k=1}^{m_I}\left[\left(\boldsymbol{\nabla}_x^2\,c_{H,k}(\boldsymbol{x})\right)\lambda_{H,k}+\left(\boldsymbol{\nabla}_x^2\,c_{Y,k}(\boldsymbol{x})\right)\lambda_{Y,k}\right] && (10.44)\\
&=: \boldsymbol{Q}_H(\boldsymbol{\lambda}_H)+\boldsymbol{Q}_Y(\boldsymbol{\lambda}_Y)=\boldsymbol{Q}_{YH}(\boldsymbol{\lambda}_H,\boldsymbol{\lambda}_Y) && (10.45)
\end{aligned}$$

Setzt man die Fließbedingung nach VON MISES (10.18) und (10.19) voraus, dann ist die Matrix $\boldsymbol{Q}_{YH}(\boldsymbol{\lambda}_H,\boldsymbol{\lambda}_Y)\in\mathbb{R}^n$ nur im Bereich $i,j\in[1,10\,m_I]$ besetzt, während im Bereich $i,j\in[10\,m_I,n]$ alle Einträge null sind. Bei dieser Formulierung befinden sich alle Einträge, die nicht null sind, auf der Hauptdiagonalen. Sie können wie folgt berechnet werden.

$$\mathsf{for}\,(i\in[1,m_I]):\quad\left\{\ \mathsf{for}\,(j\in[1,5]):\quad \boldsymbol{Q}_{YH}[5\,i+j]=2\,\boldsymbol{\lambda}_H[i]\ \right\} \qquad (10.46)$$

$$\mathsf{for}\,(i\in[m_I,2\,m_I]):\quad\left\{\ \mathsf{for}\,(j\in[1,5]):\quad \boldsymbol{Q}_{YH}[5\,i+j]=2\,\boldsymbol{\lambda}_Y[i]\ \right\} \qquad (10.47)$$

Das in Kapitel 5.3.1 beschriebene Problem des Nullblocks auf der Hauptdiagonalen der Koeffizientenmatrix tritt auch bei dem System (10.41) auf. Entsprechend wird auch hier eine duale Regularisierung mit der Matrix $\boldsymbol{R}_d^E$ nach (5.37) vorgenommen, sodass die derart modifizierte Matrix im Sinne von VANDERBEI [121] stark faktorisierbar ist, wodurch eine CHOLESKY-Zerlegung ermöglicht wird. Da die beteiligten Ungleichungsrestriktionen (10.18) und (10.19) auch bei Berücksichtigung der begrenzten kinematischen Verfestigung alle konkav sind, ist wie bisher keine primale Regularisierung notwendig.
Das derart regularisierte System ist dann gegeben durch:

$$\begin{pmatrix} -(\boldsymbol{Q}_{YH}(\boldsymbol{\lambda}_H, \boldsymbol{\lambda}_Y) + \boldsymbol{E}_1) & \boldsymbol{A}_H^T & \boldsymbol{C}_H^T(\boldsymbol{x}) & \boldsymbol{C}_Y^T(\boldsymbol{x}) \\ \boldsymbol{A}_H & \boldsymbol{R}_d^E & \boldsymbol{0} & \boldsymbol{0} \\ \boldsymbol{C}_H(\boldsymbol{x}) & \boldsymbol{0} & \boldsymbol{E}_H & \boldsymbol{0} \\ \boldsymbol{C}_Y(\boldsymbol{x}) & \boldsymbol{0} & \boldsymbol{0} & \boldsymbol{E}_Y \end{pmatrix} \cdot \begin{pmatrix} \Delta\boldsymbol{x} \\ \Delta\boldsymbol{\lambda}_E \\ \Delta\boldsymbol{\lambda}_H \\ \Delta\boldsymbol{\lambda}_Y \end{pmatrix} = \begin{pmatrix} \boldsymbol{d}_1 \\ \boldsymbol{d}_2 \\ \boldsymbol{d}_3^H \\ \boldsymbol{d}_3^Y \end{pmatrix} \tag{10.48}$$

Aufgrund der speziellen Formulierung des Problems lässt es sich derart zusammen fassen, dass die Analogie zum ideal plastischen Fall deutlich wird.

$${}^H\boldsymbol{E}_2 = \begin{pmatrix} \boldsymbol{E}_H & \boldsymbol{0} \\ \boldsymbol{0} & \boldsymbol{E}_Y \end{pmatrix} \qquad {}^H\boldsymbol{C}_I = \begin{pmatrix} \boldsymbol{C}_H \\ \boldsymbol{C}_Y \end{pmatrix} \qquad {}^H\boldsymbol{C}_I^T = \left[\boldsymbol{C}_H^T \middle| \boldsymbol{C}_Y^T\right] \tag{10.49a}$$

$${}^H\boldsymbol{\lambda}_I = \begin{pmatrix} \boldsymbol{\lambda}_H \\ \boldsymbol{\lambda}_Y \end{pmatrix} \qquad \Delta^H\boldsymbol{\lambda}_I = \begin{pmatrix} \Delta\boldsymbol{\lambda}_H \\ \Delta\boldsymbol{\lambda}_Y \end{pmatrix} \qquad {}^H\boldsymbol{d}_3 = \begin{pmatrix} \boldsymbol{d}_3^H \\ \boldsymbol{d}_3^Y \end{pmatrix} \tag{10.49b}$$

Das zusammengefasste System ergibt sich wie folgt:

$$\begin{pmatrix} -(\boldsymbol{Q}_{YH}({}^H\boldsymbol{\lambda}_I) + \boldsymbol{E}_1) & \boldsymbol{A}_H^T & {}^H\boldsymbol{C}_I^T(\boldsymbol{x}) \\ \boldsymbol{A}_H & \boldsymbol{R}_d^E & \boldsymbol{0} \\ {}^H\boldsymbol{C}_I(\boldsymbol{x}) & \boldsymbol{0} & {}^H\boldsymbol{E}_2 \end{pmatrix} \cdot \begin{pmatrix} \Delta\boldsymbol{x} \\ \Delta\boldsymbol{\lambda}_E \\ \Delta^H\boldsymbol{\lambda}_I \end{pmatrix} = \begin{pmatrix} \boldsymbol{d}_1 \\ \boldsymbol{d}_2 \\ {}^H\boldsymbol{d}_3 \end{pmatrix} \tag{10.50}$$

Der Vergleich mit (5.27) zeigt die Analogie der Formulierungen. Durch das Zusammenfassen (10.49) kann das Problem mit Berücksichtigung der begrenzten kinematischen Verfestigung in ähnlicher Weise behandelt werden wie das Problem für ideal plastisches Materialverhalten.

10.3 Validierung des Algorithmus mit begrenzter kinematischer Verfestigung

Die beschriebene Methode wurde in IPSA implementiert. In diesem Abschnitt wird der Algorithmus mit Berücksichtigung der begrenzten kinematischen Verfestigung anhand von vier Beispielen validiert.
Für alle Beispiele werden zweidimensionale Lasträume betrachtet, wobei die jeweiligen Lasten unabhängig voneinander in den folgenden Grenzen variieren.

$$0 \le P_1 \le \mu_1^+ P_0 \tag{10.51a}$$

$$0 \le P_2 \le \mu_2^+ P_0 \tag{10.51b}$$

Die FEM-Analyse für alle Rechnungen wurde mit dem Software-Paket ANSYS durchgeführt. Die verwendeten Modelle wurden basierend auf Vorlagen von SAID MOUHTAMID im Rahmen einer Studienarbeit von SEBASTIEN PERROY erstellt. Die Diskretisierung erfolgt mit isoparametrischen Volumenelementen (kubisch mit 8 Knoten). Insbesondere findet das Element *solid45* bei den mechanischen Lasten Anwendung. Für thermische Lastfälle wird zunächst die Temperaturverteilung mit dem Element *solid70* berechnet, dann wird mit den berechneten Temperaturknotenlasten die Spannungsanalyse mit dem Element *solid185* durchgeführt.
In allen Rechnungen werden die Materialparameter als temperaturunabhängig angenommen. Außerdem werden ausschließlich stationäre Prozesse betrachtet, wobei angenommen wird, dass sich Temperaturänderungen hinreichend langsam einstellen. Darüber hinaus wird Kriechen infolge hoher Temperaturen nicht berücksichtigt.
Die Rechnungen werden auf einem *Dell Precision T7500* mit *Xeon E5620*-Prozessor mit 2400 MHz und 12 GB RAM durchgeführt.

10.3.1 Scheibe unter thermomechanischer Belastung

Es wird eine Scheibe unter thermomechanischer Belastung betrachtet. Die Scheibe wird entlang der horizontal verlaufenden Kanten wie dargestellt gelagert, Abb. 10.3. An den anderen Kanten wird die Flächenlast p in x-Richtung eingeprägt. Wie in dem hinlänglich bekannten Beispiel von BREE wird auf einer Seite der Scheibe die Temperaturlast $\Delta T = T_1 - T_0$ aufgebracht. Die Temperaturverteilung wird als linear über die Dicke der Scheibe angenommen.

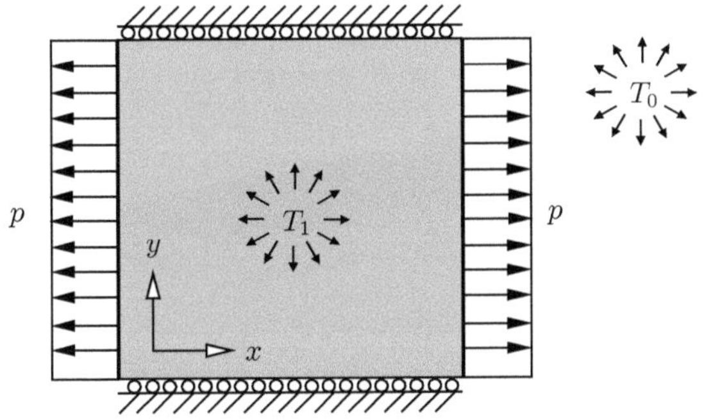

Abbildung 10.3: System und Belastung der Scheibe

Die Scheibe besteht aus Stahl X6CrNiNb 18-10 und wird als homogen isotrop angenommen. Die mechanischen und thermischen Eigenschaften des Materials können Tab. 10.1 entnommen werden.
Unter Berücksichtigung der Symmetrie des Systems wird nur die Hälfte der Scheibe betrachtet. Das verwendete Netz besteht aus 676 Knoten und 432 Elementen (3 Elemente über die Dicke), Abb. 10.4.
Das elastische Spannungsfeld infolge der Flächenlast p ist homogen mit $\sigma_x = p$ und $\sigma_y = \nu\, p$, alle anderen Spannungskomponenten sind null. Bei einem willkürlich gewählten

Tabelle 10.1: Thermische und mechanische Kennwerte

Elastizitätsmodul [MPa]	2.0×10^5
Fließspannung [MPa]	205
Querkontraktionskoeffizient	0.3
Dichte [kg/m^3]	7.9×10^3
Wärmeleitfähigkeit [W/(m·K)]	15
Spezifische Wärmekapazität [J/(kg·K)]	500
Wärmeausdehnungskoeffizient [1/K]	1.6×10^{-5}

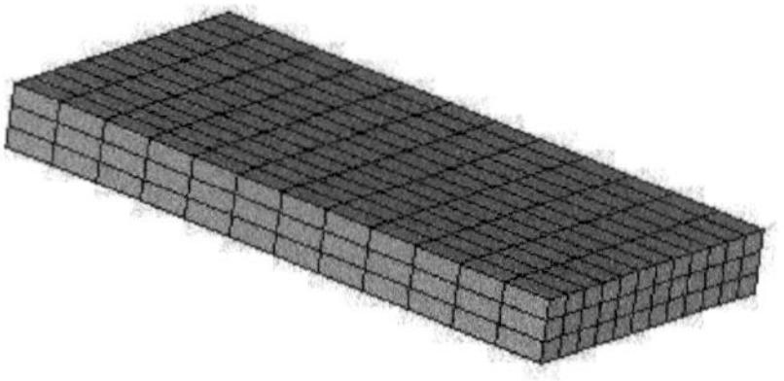

Abbildung 10.4: FEM-Modell der Scheibe

Wert $p = 100$ MPa stellt sich damit eine Vergleichsspannung von 88.882 MPa ein. Die elastische Spannungsverteilung infolge der Temperaturlast ist in Abb. 10.5 dargestellt, wobei der willkürlich gewählte Wert $\Delta T = 100$ K verwendet wurde.

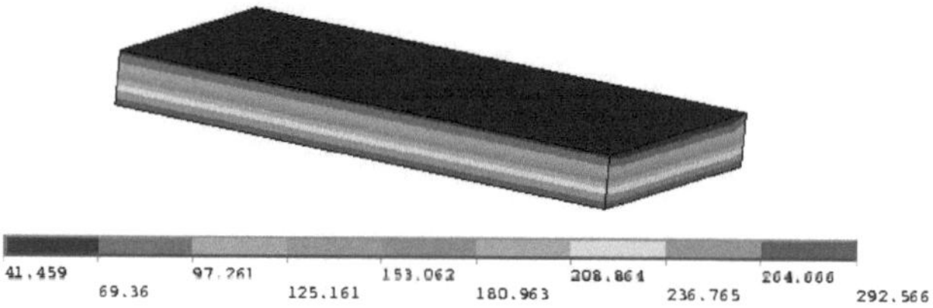

Abbildung 10.5: Elastische Vergleichsspannung der Scheibe infolge Temperaturbelastung

Das Ergebnis der Einspielanalyse ist in Abb. 10.6 dargestellt. Dort wird der elastische Bereich gepunktet gezeichnet, der die Menge aller möglichen Belastungspfade umschließt, die zu elastischem Materialverhalten führen. Außerdem wird der Einspielbereich für ideal plastisches Materialverhalten mit der Fließspannung $\sigma_Y = 205$ MPa und mit Strich-Punkt-Linien für Vielfache der Fließspannung $\sigma^*_{Y,1} = 1.25\,\sigma_Y$, $\sigma^*_{Y,2} = 1.5\,\sigma_Y$ und $\sigma^*_{Y,3} = 1.75\,\sigma_Y$ angegeben. Darüber hinaus werden die Einspielbereiche mit Berücksichtigung der begrenzten kinematischen Verfestigung mit $\sigma_{H,1} = 1.25\,\sigma_Y$, $\sigma_{H,2} = 1.5\,\sigma_Y$ und $\sigma_{H,3} = 1.75\,\sigma_Y$ und mit unbegrenzter kinematischer Verfestigung dargestellt. Beide Achsen sind auf den jeweiligen Wert p_0 beziehungsweise ΔT_0 bei ideal plastischem Materialverhalten skaliert.

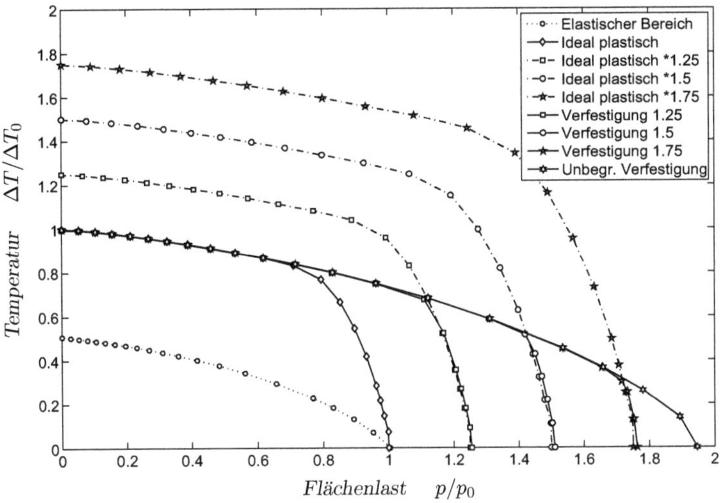

Abbildung 10.6: Ergebnis der Einspielanalyse der Scheibe

Sowohl im ideal plastischen Fall als auch unter Berücksichtigung der begrenzten Verfestigung lassen sich die verschiedenen Mechanismen der alternierenden Plastizität und des inkrementellen Kollaps eindeutig identifizieren. Bei vorherrschender Temperaturbeanspruchung stimmen alle Einspielgrenzen mit der Kurve für unbegrenzte Verfestigung überein, die wiederum die alternierende Plastizität widerspiegelt. Die Verfestigung spielt hier keine Rolle. Entsprechend ist die Einspieltemperatur ΔT_0 genau doppelt so groß wie die elastische Grenztemperatur. Im durch die Flächenlast dominierten Bereich ist hingegen die Einspielgrenze durch Versagen infolge inkrementellen Kollaps definiert. Hier wird der Einfluss der Verfestigung deutlich. Die Einspielgrenze vergrößert sich genau mit dem Verhältnis σ_H/σ_Y, die Übereinstimmung mit den Kurven für das jeweilige Vielfache der Fließspannung ist offensichtlich. Die Flächenlast der elastischen Grenze und der Einspielgrenze bei ideal plastischem Material p_0 stimmen überein, da das homogene Spannungsfeld keine plastischen Reserven erlaubt. Es ist beachtlich, wie gut der Übergang zwischen den genannten Mechanismen erfasst wird.

Zur Validierung der Ergebnisse werden sie mit Rechnungen von HEITZER et al. [53], SCHWABE [104] und MOUHTAMID [82, 134] verglichen. Die genannten Arbeiten basieren ebenfalls auf dem statischen Einspieltheorem, allerdings unterscheiden sie sich in der Lösungsstrategie. Während HEITZER die Methode der reduzierten Basen verwendet, benutzen SCHWABE und MOUHTAMID das Programm LANCELOT [27], das auf einem augmentierten LAGRANGE'schen Verfahren beruht. Die Rechnungen von SCHWABE und MOUHTAMID unterscheiden sich in den verwendeten Elementtypen.

Die präsentierten Resultate für Verfestigung zeigen eine gute Übereinstimmung mit den Referenzergebnissen, Abb. 10.7–Abb. 10.9. Abweichungen werden nur bei der ideal plastischen

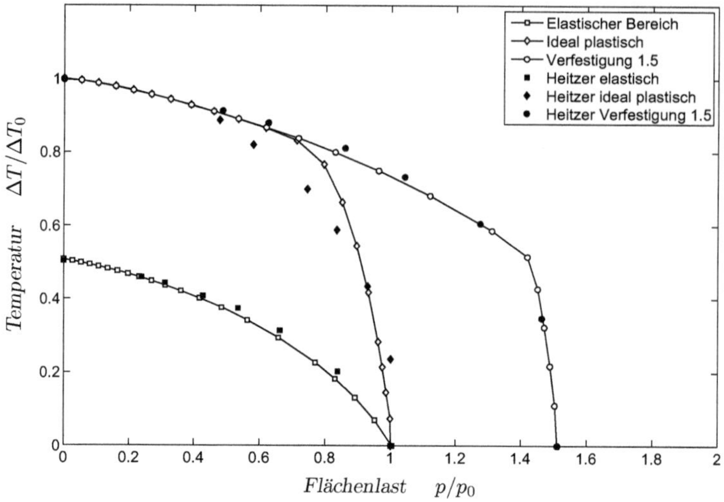

Abbildung 10.7: Vergleich mit Ergebnissen von HEITZER et al. [53]

Einspielgrenze beobachtet. Hier liefert IPSA einen schärferen Übergang vom Mechanismus des inkrementellen Kollaps zum Mechanismus der alternierenden Plastizität.
Der Einfluss der Verfestigung auf die wesentlichen numerischen Kennwerte des Problems wird in Tab. 10.2 ersichtlich.

Tabelle 10.2: Einfluss der Verfestigung auf numerische Details

	Ideal plast.	Verfestigung
n	72 577	141 697
m_E	53 868	105 708
m_I	13 824	27 648
⌀ Iterationen	3 802	3 869
⌀ CPU-Zeit [s]	636	965

Die Anzahl der erforderlichen Iterationen wird kaum beeinflusst, aufgrund der größeren Anzahl der Variablen ist die Rechenzeit allerdings höher. In den Referenzen wird keine Rechenzeit angegeben. Berücksichtigt man jedoch die CPU-Zeiten von LANCELOT bei den Beispielen im Kapitel 7, ist anzunehmen, dass diese Rechnungen wesentlich länger dauern.

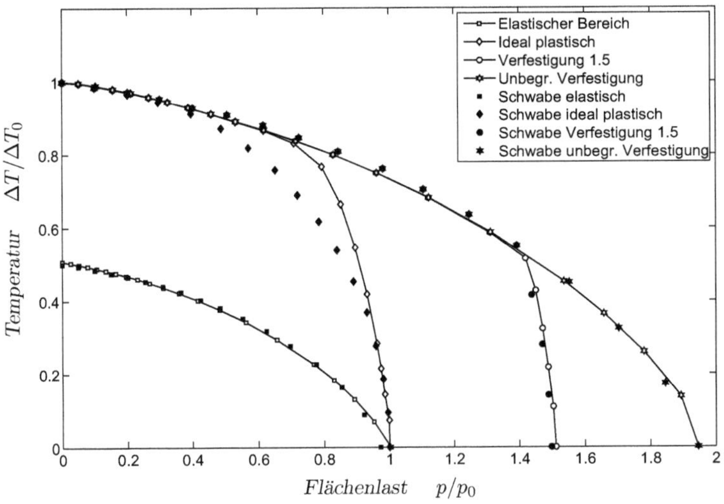

Abbildung 10.8: Vergleich mit Ergebnissen von SCHWABE [104]

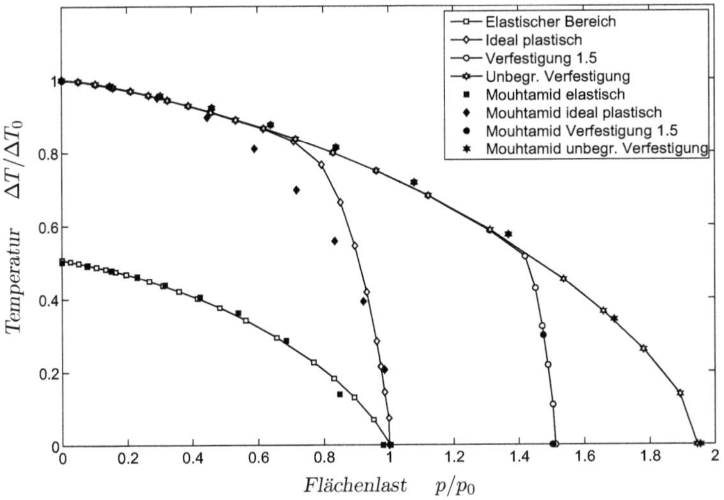

Abbildung 10.9: Vergleich mit Ergebnissen von MOUHTAMID [82]

10.3.2 Langes Rohr unter thermomechanischer Belastung

Als zweites Beispiel wird ein Rohr unter thermomechanischer Belastung betrachtet, Abb. 10.10. Das Rohr wird als sehr lang und offen angenommen. Als Belastung werden der Innendruck p sowie eine Temperaturlast $\Delta T = T_1 - T_0$ im Innern des Rohrs eingeprägt. Das Verhältnis von Wanddicke h und Radius R wird als ${}^{R}\!/_{h} = 10$ gewählt.

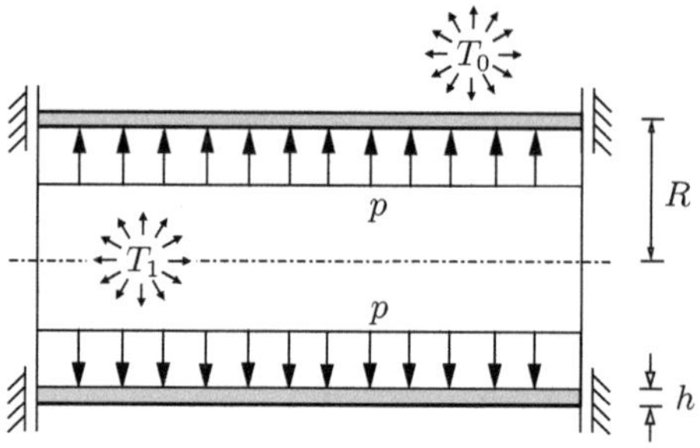

Abbildung 10.10: System und Belastung des Rohrs

Das Rohr besteht aus Stahl X6CrNiNb 18-10 und wird als homogen isotrop angenommen. Die mechanischen Eigenschaften des Materials können Tab. 10.1 des vorigen Beispiels entnommen werden. Unter Berücksichtigung der Symmetrie des Systems wird nur die Hälfte des Rohrs betrachtet. Das verwendete Netz besteht aus 984 Knoten und 600 Elementen (5 Elemente über die Wanddicke), Abb. 10.11(a).

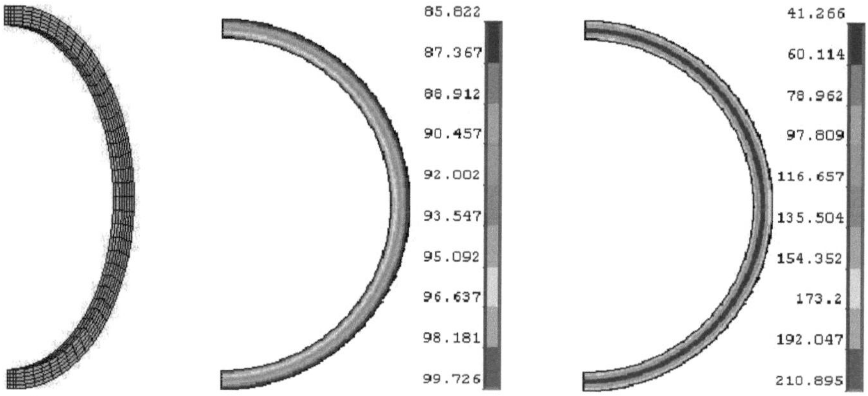

(a) FEM-Modell

(b) Elastische Vergleichsspannungen infolge Innendruck

(c) Elastische Vergleichsspannungen infolge Temperatur

Abbildung 10.11: Modell und elastische Spannungen des langen Rohrs

Die Verläufe der elastischen Vergleichsspannungen sind in Abb. 10.11 dargestellt. Hierfür wurden die willkürlich gewählten Werte $p = 10$ MPa und $\Delta T = 100$ K verwendet.

Das Ergebnis der Einspielanalyse ist in Abb. 10.12 dargestellt. Dort wird der elastische Bereich gepunktet gezeichnet, der die Menge aller möglichen Belastungspfade umschließt, die zu elastischem Materialverhalten führen. Außerdem wird der Einspielbereich für ideal plastisches Materialverhalten mit der Fließspannung $\sigma_Y = 205$ MPa und mit Berücksichtigung der begrenzten kinematischen Verfestigung mit $\sigma_{H,1} = 1.2\,\sigma_Y$, $\sigma_{H,2} = 1.35\,\sigma_Y$ und $\sigma_{H,3} = 1.5\,\sigma_Y$ sowie mit unbegrenzter kinematischer Verfestigung dargestellt. Beide Achsen sind auf den jeweiligen Wert p_0 beziehungsweise ΔT_0 bei ideal plastischem Materialverhalten skaliert.

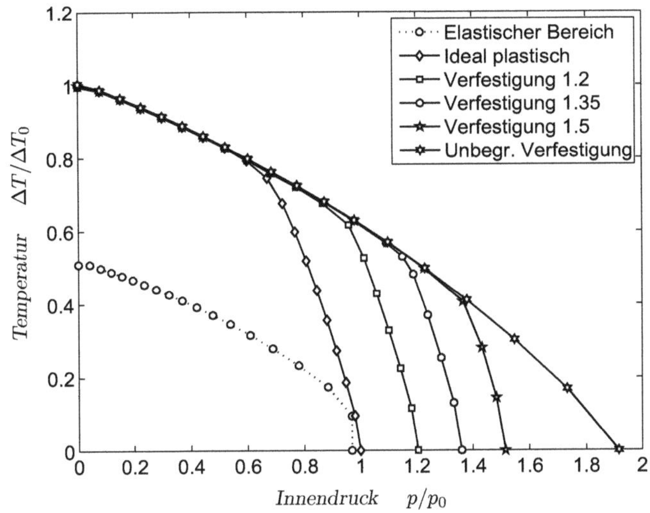

Abbildung 10.12: Ergebnis der Einspielanalyse des langen Rohrs

Wie zuvor lassen sich die verschiedenen Mechanismen der alternierenden Plastizität und des inkrementellen Kollaps eindeutig identifizieren. Bei vorherrschender Temperaturbeanspruchung fallen alle Einspielkurven zusammen, und es handelt sich um alternierende Plastizität. Die Verfestigung spielt hier keine Rolle. Entsprechend ist die Einspieltemperatur ΔT_0 genau doppelt so groß wie die elastische Grenztemperatur. Im durch den Innendruck dominierten Bereich ist hingegen die Bedingung für inkrementellen Kollaps maßgebend. Hier wird der Einfluss der Verfestigung deutlich. Die Einspielgrenze vergrößert sich genau mit dem Verhältnis σ_H/σ_Y.
Zur Validierung der Ergebnisse werden sie mit Rechnungen von MOUHTAMID [82], HACHEMI [46] und HEITZER et al. [53] verglichen. Diese basieren ebenfalls auf dem statischen Einspieltheorem, allerdings unterscheiden sie sich in der Lösungsstrategie. Die Rechnung von MOUHTAMID wurde mit IPDCA durchgeführt, sodass die Methodik sehr ähnlich ist. Allerdings kann dort keine Verfestigung berücksichtigt werden. Die dargestellte Kurve für unbegrenzte kinematische Verfestigung ist die für alternierende Plastizität. HACHEMI ver-

wendet den BFGS-Algorithmus zur Lösung des Optimierungsproblems, u.a. [81], wohingegen HEITZER die Methode der reduzierten Basen benutzt.

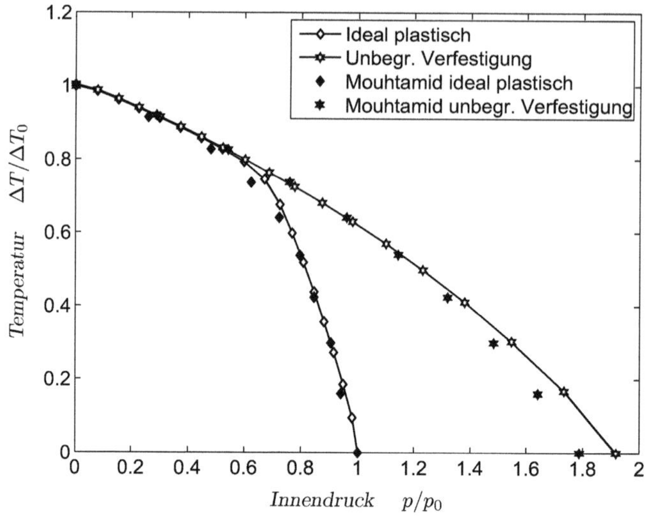

Abbildung 10.13: Vergleich mit Ergebnissen von MOUHTAMID [82]

Der Vergleich mit der Rechnung von MOUHTAMID zeigt eine gute Übereinstimmung, Abb. 10.13. Nur im Bereich vorherrschenden Drucks ist eine Abweichung zu beobachten, die durch unterschiedliche elastische Lösungen infolge unterschiedlicher FEM-Modelle begründet werden kann. Der Unterschied des Einspieldrucks mit unbegrenzter Verfestigung ist genau doppelt so groß wie der Unterschied des elastischen Grenzdrucks.
Die Kurven von HACHEMI liegen tendenziell über den hier berechneten Lösungen, die Einspiellasten werden sowohl mit als auch ohne Berücksichtigung der Verfestigung überschätzt, Abb. 10.14. Die Verläufe sind qualitativ ähnlich, auch die Steigungen an den Achsenschnittpunkten stimmen überein.
Die Ergebnisse sind in Übereinstimmung mit denen von HEITZER, Abb. 10.15. Bei Berücksichtigung der Verfestigung sind seine Werte etwas niedriger, die Abweichung ist allerdings gering.

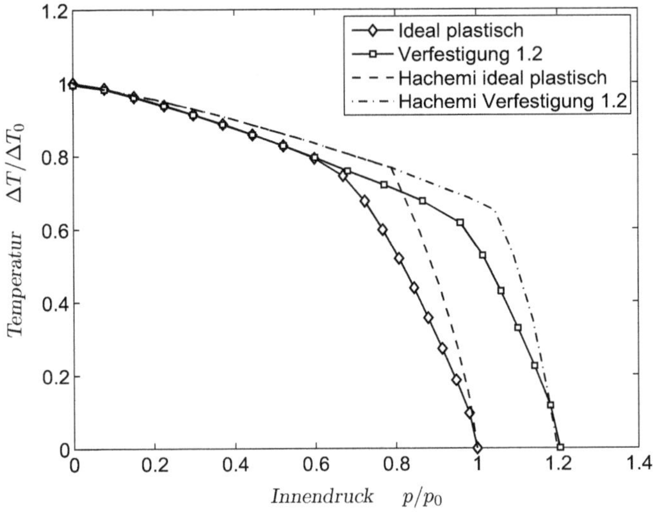

Abbildung 10.14: Vergleich mit Ergebnissen von HACHEMI [46]

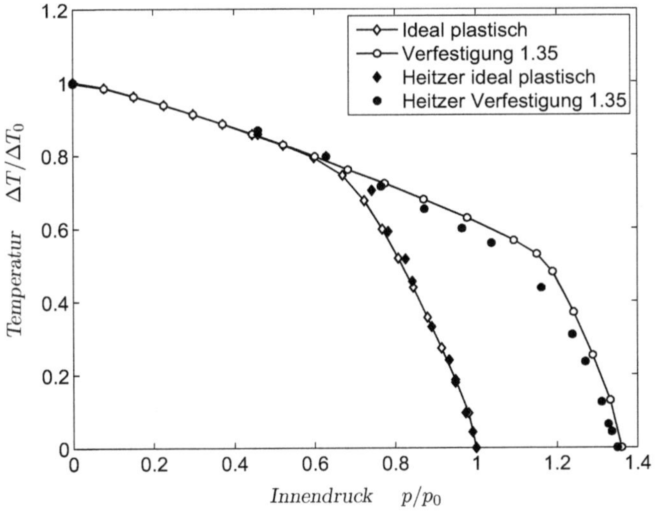

Abbildung 10.15: Vergleich mit Ergebnissen von HEITZER et al. [53]

10.3.3 Geschlossenes Rohr unter thermomechanischer Belastung

Das Rohr des vorherigen Beispiels 10.3.2 wird nun als geschlossen angenommen, Abb. 10.16.

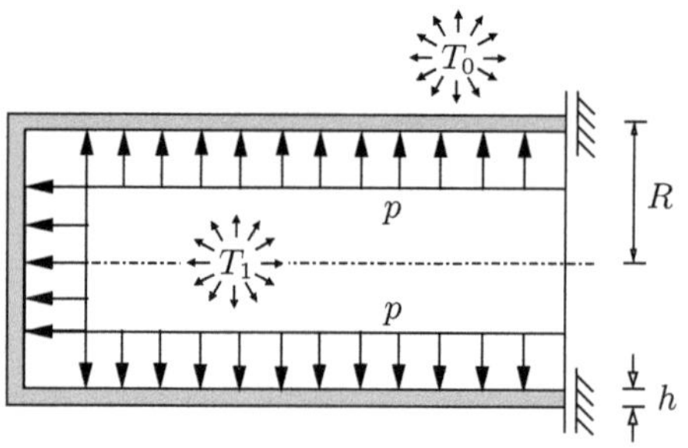

Abbildung 10.16: System und Belastung des geschlossenen Rohrs

Zu Vergleichszwecken wird ein Abschnitt betrachtet, der sich weit genug von dem Abschluss befindet, sodass der Einfluss auf das Verformungsverhalten nicht berücksichtigt werden muss. Allerdings muss auch dann der Axialdruck σ_{ax} berücksichtigt werden. Die Kraft auf den Deckel mit der Fläche $A_D = \pi\,(R-h)^2$ steht mit der Resultierenden der Axialspannung σ_{ax} auf der Rohrschnittfläche $A_R = \pi\,(2\,R\,h - h^2)$ im Gleichgewicht.

$$\sigma_{ax}\,\pi\,(2\,R\,h - h^2) = p\,\pi\,(R-h)^2 \quad \longrightarrow \quad \sigma_{ax} = p\,\frac{(R-h)^2}{(2\,R\,h - h^2)}$$

Durch diese zusätzliche Axialbelastung ändert sich der elastische Spannungsverlauf infolge Innendruck, Abb. 10.17. Wie vorne wurde der willkürlich gewählte Wert $p = 10$ MPa verwendet. Der Lastfall Temperatur ist davon nicht betroffen, und es kann weiterhin der Verlauf Abb. 10.11(c) verwendet werden.

Das Ergebnis der Einspielanalyse ist in Abb. 10.18 dargestellt. Dort wird der Einspielbereich für ideal plastisches Materialverhalten mit der Fließspannung $\sigma_Y = 205$ MPa und mit Berücksichtigung der begrenzten kinematischen Verfestigung mit $\sigma_{H,1} = 1.2\,\sigma_Y$, $\sigma_{H,2} = 1.35\,\sigma_Y$ und $\sigma_{H,3} = 1.5\,\sigma_Y$ sowie mit unbegrenzter kinematischer Verfestigung dargestellt. Beide Achsen sind auf den jeweiligen Wert p_0 beziehungsweise ΔT_0 bei ideal plastischem Materialverhalten skaliert.

In Abb. 10.18 können die verschiedenen Mechanismen der alternierenden Plastizität und des inkrementellen Kollaps eindeutig identifiziert werden. Bei vorherrschender Temperaturbeanspruchung fallen alle Einspielkurven zusammen, ohne dass die Verfestigung einen Einfluss hat. Es handelt sich um alternierende Plastizität. Zu beachten ist, dass die Einspielkurve der alternierenden Plastizität näherungsweise linear verläuft. Im durch den Innendruck dominierten Bereich ist hingegen die Bedingung für inkrementellen Kollaps maßgebend, und die Verfestigung beeinflusst das Ergebnis. Die Einspielgrenze vergrößert sich genau mit dem Verhältnis σ_H/σ_Y.

Zur Validierung der Ergebnisse werden sie mit der Rechnung von Gross-Weege [43] verglichen, die ebenfalls auf dem statischen Einspieltheorem basieren. Allerdings wurde

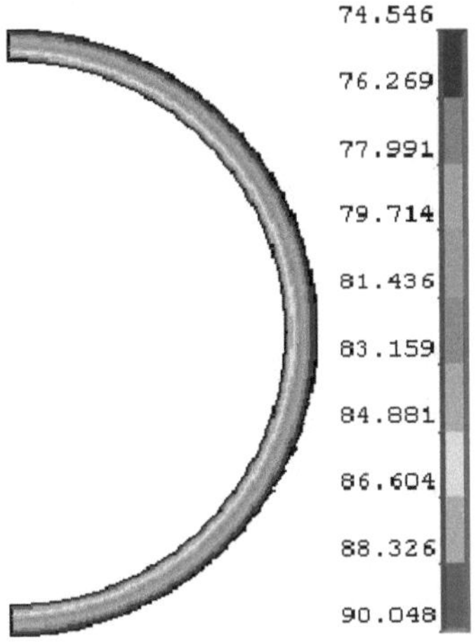

Abbildung 10.17: Elastische Vergleichsspannung des geschlossenen Rohrs infolge Innendruck

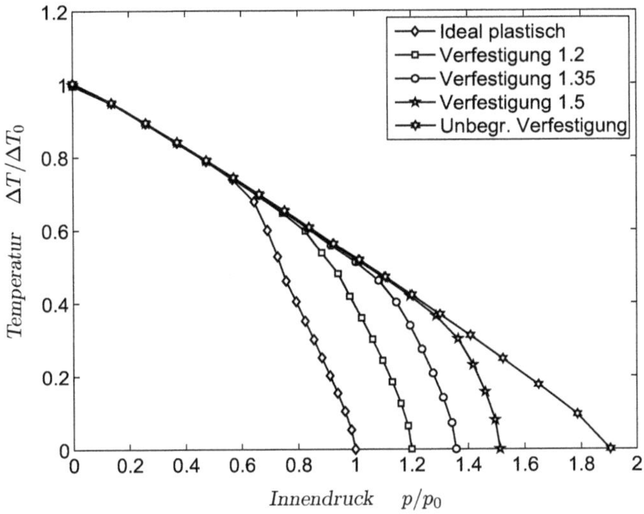

Abbildung 10.18: Ergebnis der Einspielanalyse des geschlossenen Rohrs

dort das Optimierungsproblem mit einem auf der Methode der reduzierten Basen beruhenden Algorithmus gelöst. Die Ergebnisse stimmen gut überein, auch wenn im Bereich des inkrementellen Kollaps bei Verfestigung die berechneten Werte etwas über denen von GROSS-WEEGE liegen, Abb. 10.19.

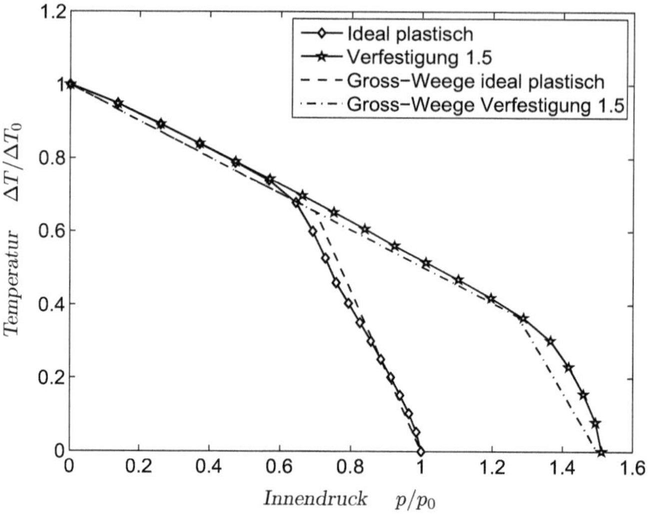

Abbildung 10.19: Vergleich mit Ergebnissen von GROSS-WEEGE [43]

10.3.4 Flansch unter biaxialer mechanischer Belastung

Abschließend wird ein Flansch mit drei verschiedenen Außenradien betrachtet, der durch den Innendruck p und die Axialkraft Q belastet wird, Abb. 10.20.
Zwecks Vergleichbarkeit werden die Geometrie- und Materialdaten von [82] übernommen. Die Abmessungen können Tab. 10.3 entnommen werden, während die mechanischen Eigenschaften in Tab. 10.4 angegeben werden.

Tabelle 10.3: Dimensionen des Flansches

Länge L in [mm]	386.9
Innenradius R_i in [mm]	60.0
Außenradius $R_{a,1}$ in [mm]	68.1
Außenradius $R_{a,2}$ in [mm]	77.8
Außenradius $R_{a,3}$ in [mm]	90.5

Unter Ausnutzung der Rotationssymmetrie wird das folgende FEM-Modell für die Berechnung der elastischen Spannungen verwendet, Abb. 10.21(a). Das Netz besteht aus 265 Elementen mit 678 Knoten (1 Element über die Dicke).

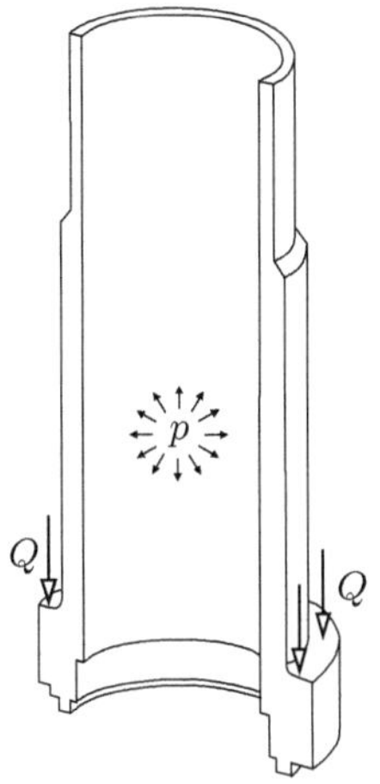

Abbildung 10.20: System und Belastung des Flansches

Tabelle 10.4: Mechanische Eigenschaften

Elastizitätsmodul [MPa]	2.0×10^5
Fließspannung [MPa]	200
Querkontraktionskoeffizient	0.3

Die elastischen Vergleichsspannungen sind in Abb. 10.21 dargestellt. Dafür wurden die willkürlich gewählten Werte $p = 10$ MPa und $Q = 113.097$ kN verwendet. Dabei ist zu beachten, dass zwar der Spannungsverlauf infolge Druckbelastung exakt mit dem von MOUHTAMID übereinstimmt, dass Abweichungen in der Modellierung jedoch zu einem Unterschied bei der Axialkraft führen. MOUHTAMID gibt den Maximalwert der Vergleichsspannung in diesem Fall mit 106.465 MPa an, wohingegen in der vorliegenden Rechnung der maximale Wert 100.143 MPa beträgt.
Das Ergebnis der Einspielanalyse ist in Abb. 10.22 dargestellt. Dort wird der elastische Bereich gepunktet gezeichnet, der die Menge aller möglichen Belastungspfade umschließt, die zu elastischem Materialverhalten führen. Außerdem wird der Einspielbereich für ideal plastisches Materialverhalten mit der Fließspannung $\sigma_Y = 200$ MPa und mit Strich-Punkt-Linien für Vielfache der Fließspannung $\sigma^*_{Y,1} = 1.25\,\sigma_Y$ und $\sigma^*_{Y,2} = 1.5\,\sigma_Y$ angegeben. Darüber hinaus werden die Einspielbereiche mit Berücksichtigung der begrenzten kinematischen Verfestigung mit $\sigma_{H,1} = 1.25\,\sigma_Y$ und $\sigma_{H,2} = 1.5\,\sigma_Y$ und mit unbegrenzter kinematischer Verfestigung dargestellt. Beide Achsen sind auf den jeweiligen Wert p_0 beziehungsweise Q_0 bei ideal plastischem Materialverhalten skaliert.
Sowohl im ideal plastischen Fall als auch unter Berücksichtigung der begrenzten Verfestigung sind die Mechanismen der alternierenden Plastizität und des inkrementellen Kollaps gut unterscheidbar. Im Bereich der Axialkraft stimmen alle Einspielgrenzen mit der Kurve

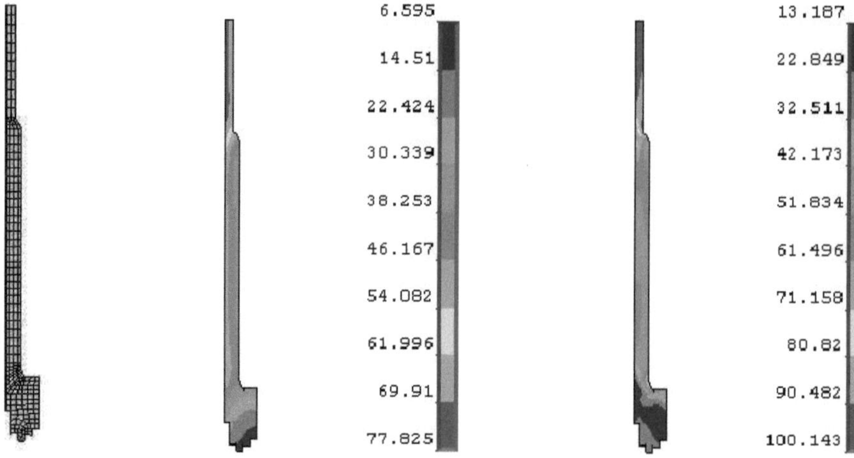

(a) FEM-Modell

(b) Elastische Vergleichsspannungen infolge Innendruck

(c) Elastische Vergleichsspannungen infolge Axialkraft

Abbildung 10.21: Modell und elastische Spannungen des Flansches

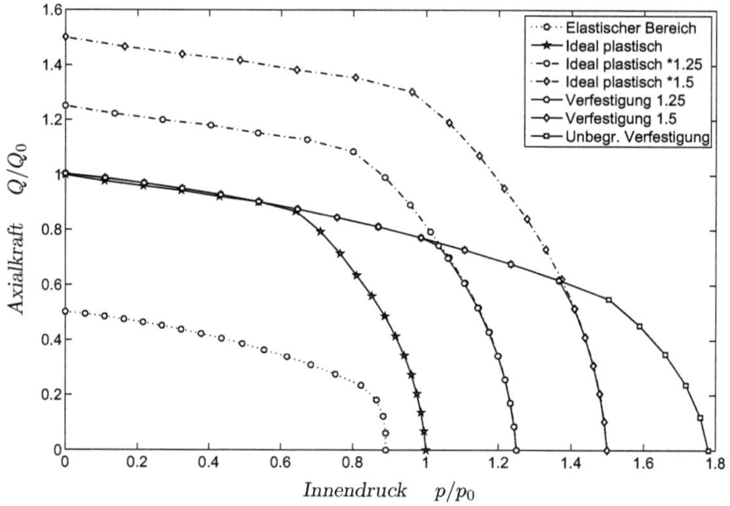

Abbildung 10.22: Ergebnis der Einspielanalyse des Flansches

für unbegrenzte Verfestigung überein. Es handelt sich hierbei um alternierende Plastizität, wobei die Verfestigung keine Rolle spielt. Die zur Einspielgrenze gehörende Axialkraft Q_0 ist doppelt so groß wie die elastische Grenzkraft. Im Gegensatz dazu herrscht im durch den Innendruck dominierten Bereich Versagen infolge inkrementellen Kollaps vor. Hier wird der Einfluss der Verfestigung deutlich. Die Einspielgrenze vergrößert sich genau mit dem Verhältnis σ_H/σ_Y. Die Kurven für begrenzte Verfestigung mit σ_H sind in diesem Bereich nahezu identisch mit denen der idealen Plastizität mit erhöhter Fließspannung σ_Y^*. Die zu den verschiedenen Mechanismen gehörenden Kurven werden beinahe übergangslos ineinander überführt.
Abschließend werden die Ergebnisse mit Rechnungen von MOUHTAMID [82, 135] verglichen, Abb. 10.23. Diese Rechnungen wurden mit dem Programm LANCELOT [27] durchgeführt, das auf einem augmentierten LAGRANGE'schen Verfahren beruht.

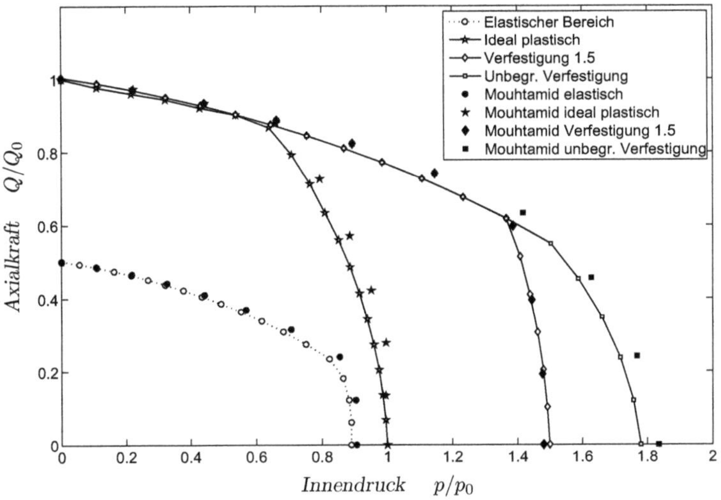

Abbildung 10.23: Vergleich mit Ergebnissen von MOUHTAMID [82]

Auch bei diesem Beispiel zeigt sich eine gute Übereinstimmung mit der Referenzlösung. Die angesprochene Abweichung in der elastischen Lösung schlägt sich in einer Abweichung der Kurven für unbegrenzte Verfestigung nieder. Auch bei ideal plastischem Material sind die Werte von MOUHTAMID tendenziell etwas größer. Die Verläufe mit Verfestigung $\sigma_H = 1.5\,\sigma_Y$ liegen hingegen sehr nah bei einander.
MOUHTAMID gibt leider keine Rechenzeiten an. Mit IPSA liegt für dieses System mit Berücksichtigung der Verfestigung der Durchschnitt der Rechenzeit unter 5 Minuten. Mit den Erfahrungen aus Kapitel 7 kann vermutet werden, dass die CPU-Zeit mit LANCELOT deutlich darüber liegt.

11 Fazit und Ausblick

Die Bestimmung der Einspiellasten von mechanischen Systemen ist von entscheidender Bedeutung im konstruktiven Ingenieurwesen. Das gilt insbesondere für Komponenten, auf die veränderliche thermomechanische Lasten einwirken. Um möglichst realitätsnahe Ergebnisse erzielen zu können, ist die Erfassung von begrenzt kinematisch verfestigendem Materialverhalten notwendig. Diese Aufgabe erweist sich als besonders komplex, wenn große Ingenieurstrukturen betrachtet werden, da diese auf Optimierungsprobleme mit besonders hoher Anzahl von Unbekannten und Restriktionen führen.
In der vorliegenden Arbeit wurde der neue Algorithmus IPSA vorgestellt, der speziell für Einspieluntersuchungen mechanischer Komponenten aus VON MISES- Materialien entwickelt worden ist. Die zugrundeliegende mathematische Formulierung basiert auf der Anwendung des statischen Einspieltheorems von MELAN. Das daraus resultierende Optimierungsproblem wird mithilfe der Innere Punkte Methode gelöst, wobei die Lösungsstrategie speziell auf das VON MISES Fließkriterium zugeschnitten ist.
Die Validierung erfolgte zunächst für Strukturen mit elastisch- ideal plastischem Materialverhalten unter der Einwirkung von zwei unabhängig voneinander variierenden thermomechanischen Lasten. Hier wird die Genauigkeit von IPSA beim Vergleich mit Ergebnissen der Literatur sowie mit Rechnungen mit den Programmen LANCELOT, IPOPT und IPDCA gezeigt. Darüber hinaus wird deutlich, dass sich der Algorithmus durch besondere Effizienz auszeichnet. Im schlechtesten Fall beträgt die Rechenzeit ungefähr ein Achtel der von den genannten Programmen benötigten, während sie im besten Fall um einen Faktor von über 300 reduziert werden kann.
Desweiteren wurde in dieser Arbeit sowohl die theoretische Herleitung als auch die Implementierung für den Fall beliebig vieler Lasten erweitert. Das Vorgehen wurde anhand der Berechnung einer durch drei unabhängig variierende thermomechanische Lasten beanspruchten Lochscheibe veranschaulicht. Die präsentierten Ergebnisse des Einspielbereichs im dreidimensionalen Lastraum sind die ersten ihrer Art.
Daraufhin wurde die Erweiterung für begrenzte kinematische Verfestigung präsentiert. Diese beruht auf einem von WEICHERT und GROSS-WEEGE vorgeschlagenen Zwei-Flächen-Modell, das die Einbettung dieser Verfestigung in das statische Einspieltheorem ermöglicht. Wie im ideal plastischen Fall, wurde die Innere Punkte Methode zur Lösung des erweiterten Optimierungsproblems verwendet. Die Richtigkeit der Implementierung in IPSA konnte durch vier Beispiele belegt werden, deren Ergebnissen gute Übereinstimmung mit den in der Literatur vorhandenen aufweisen.
Abschließend lässt sich schlussfolgern, dass die Innere Punkte Methode ausgezeichnet für die Lösung des aus dem statischen Einspieltheorem resultierenden Optimierungsproblems geeignet ist. Insbesondere bei der Anwendung auf große Ingenieurstrukturen mit ideal plastischem oder begrenzt kinematisch verfestigendem Verhalten hat sich der Algorithmus IPSA bewährt und durch hohe Effizienz überzeugt.

Bisher handelt es sich bei IPSA um ein unabhängiges Programm, das der Berechnung der elastischen Spannungen mittels eines FEM-Softwarepakets nachgeschaltet ist. Ein nächster Schritt sollte darin bestehen, den Code direkt in ein solches Softwarepaket zu integrieren. Diese Aufgabe ist eher technischer Natur, ist aber notwendig, um ausführliche Parameterstudien der numerischen Parameter der Abbruchbedingungen und der Update-Regeln an möglichst vielen verschiedenen Systemen zu ermöglichen. Darüber hinaus erscheint eine weitere Untersuchung der Startwertwahl vielversprechend.
Die Anwendung des selektiven Algorithmus auf das Beispiel der Lochscheibe zeigt ein hohes Potential auf, die Rechenzeit bei großen Systemen deutlich zu reduzieren. Es scheint deshalb empfehlenswert, diese Vorgehensweise für beliebige Probleme zu verallgemeinern.
Eine Möglichkeit zur Weiterentwicklung der präsentierten Methode könnte in der Berücksichtigung der Materialschädigung liegen. Dem Ansatz von HACHEMI und WEICHERT [51] folgend, kann durch Einführung des Schädigungsparameters D die Schädigung im statischen Einspieltheorem berücksichtigt werden. Dabei muss für die neue Variable D des Optimierungsproblems auch eine neue Nebenbedingung formuliert werden, die die Beschränktheit der Schädigung ausdrückt. Schwierigkeiten können allerdings dadurch hervorgerufen werden, dass diese Bedingung nicht konvex ist.
Eine alternative Entwicklungsmöglichkeit besteht darin, die vorgestellte Methodik auf Formgedächtnislegierungen anzuwenden. Für den Spezialfall der spannungsinduzierten Phasentransformation ohne Berücksichtigung der Temperatur, die als konstant im Bereich mit pseudoelastischem Materialverhalten angenommen wird, geben FENG und SUN bereits ein statisches Einspieltheorem an, [33]. Eine entsprechende Erweiterung von IPSA erscheint möglich und sinnvoll.

A Darstellung des Spannungstensors

A.1 Spannungsdeviator und Verzerrungsdeviator

Der Spannungstensor $\boldsymbol{\sigma}$ wird in einen deviatorischen Anteil $\hat{\boldsymbol{\sigma}}$ und einen dilatatorischen Anteil $p\boldsymbol{I}$ (oder auch Kugeltensor) aufgespalten.

$$\boldsymbol{\sigma} = \hat{\boldsymbol{\sigma}} + p\boldsymbol{I} \tag{A.1}$$

mit dem hydrostatischen Druck
$$p = \frac{1}{3}\sigma_{kk} = \frac{1}{3}(\sigma_I + \sigma_{II} + \sigma_{III}) \tag{A.2}$$

Entsprechend wird der Verzerrungstensor aufgespalten in

$$\boldsymbol{\varepsilon} = \hat{\boldsymbol{\varepsilon}} + \varepsilon_m \boldsymbol{I} \tag{A.3}$$

mit der mittleren Dehnung
$$\varepsilon_m = \frac{1}{3}\varepsilon_{kk} = \frac{1}{3}(\varepsilon_I + \varepsilon_{II} + \varepsilon_{III}) \tag{A.4}$$

Damit beschreibt $\hat{\boldsymbol{\varepsilon}}$ allein die Distorsion (Gestaltänderung). Das HOOKE'sche Gesetz lässt sich dann wie folgt schreiben.

$$\text{Distorsion} : \quad \hat{\boldsymbol{\sigma}} = 2G\,\hat{\boldsymbol{\varepsilon}} \tag{A.5}$$

$$\text{Dilatation} : \quad p = K\varepsilon_m \tag{A.6}$$

Dabei bezeichnet K den Kompressionsmodul :

$$K = 2G\,\frac{1+\nu}{(1-2\nu)} = \frac{E}{(1-2\nu)} \tag{A.7}$$

A.2 Hauptachsentransformation und Invarianten

Jeder Tensor zweiter Stufe $\boldsymbol{T}$ lässt sich durch seine Koordinatenmatrix und die dazugehörige orthonormale Basis $\boldsymbol{e}_i$ eindeutig festlegen.

$$\boldsymbol{T} = \begin{bmatrix} T_{11} & T_{12} & T_{13} \\ T_{21} & T_{22} & T_{23} \\ T_{31} & T_{32} & T_{33} \end{bmatrix} \boldsymbol{e}_i\boldsymbol{e}_j \qquad \longrightarrow \qquad \boldsymbol{T} = \begin{bmatrix} T_I & 0 & 0 \\ 0 & T_{II} & 0 \\ 0 & 0 & T_{III} \end{bmatrix} \boldsymbol{n}_i\boldsymbol{n}_j$$

$\boldsymbol{T}$ lässt sich durch die sogenannte *Hauptachsentransformation* diagonalisieren, indem das Eigenwertproblem

$$(\boldsymbol{T} - T_i\boldsymbol{I}) \cdot \boldsymbol{n}_i = \boldsymbol{0}$$

gelöst wird. Dann sind die *Hauptrichtungen* $\boldsymbol{n}_i$ genau die Richtungen, unter denen die extremal möglichen zum Zustand $\boldsymbol{T}$ gehörenden *Hauptwerte* T_I, T_{II}, T_{III} auftreten. Entsprechend sind $\sigma_I, \sigma_{II}, \sigma_{III}$ die Hauptspannungen des Spannungstensors $\boldsymbol{\sigma}$, die die extremalen

Normalspannungen darstellen, die genau dann auftreten, wenn keine Schubspannung tangential zur Schnittfläche wirkt. Das Lösen des genannten Eigenwertproblems führt auf die folgende in T_i kubische Gleichung

$$T_i^3 - T^I T_i^2 + T^{II} T_i - T^{III} = 0 \tag{A.8}$$

mit den (isotropen) Invarianten

$$\begin{aligned} T^I &:= \operatorname{tr} \boldsymbol{T} = T_{kk} \\ T^{II} &:= \frac{1}{2}[\operatorname{tr}(\boldsymbol{T}^2) - (\operatorname{tr} \boldsymbol{T})^2] = \frac{1}{2}[T_{ij}T_{ji} - T_{kk}^2] \\ T^{III} &:= \det \boldsymbol{T} = \frac{1}{3} T_{ij} T_{jk} T_{ki} \end{aligned}$$

Die Invarianten des Spannungstensors werden durch I_1, I_2, I_3 gekennzeichnet.

$$\begin{aligned} I_1 &:= \sigma^I = \operatorname{tr} \boldsymbol{\sigma} = \sigma_{kk} = 3p \\ I_2 &:= \sigma^{II} = \frac{1}{2}[\operatorname{tr}(\boldsymbol{\sigma}^2) - (\operatorname{tr} \boldsymbol{\sigma})^2] = \frac{1}{2}[\sigma_{ij}\sigma_{ji} - \sigma_{kk}^2] \\ I_3 &:= \sigma^{III} = \det \boldsymbol{\sigma} = \frac{1}{3}\sigma_{ij}\sigma_{jk}\sigma_{ki} \end{aligned} \tag{A.9}$$

Analog lassen sich für den Spannungsdeviator $\hat{\boldsymbol{\sigma}}$ die Invarianten J_1, J_2, J_3 definieren.

$$\begin{aligned} J_1 &:= \hat{\sigma}^I = \operatorname{tr} \hat{\boldsymbol{\sigma}} = \hat{\sigma}_{kk} = 0 \\ J_2 &:= \hat{\sigma}^{II} = \frac{1}{2}[\operatorname{tr}(\hat{\boldsymbol{\sigma}}^2) - (\operatorname{tr} \hat{\boldsymbol{\sigma}})^2] = \frac{1}{2}\hat{\sigma}_{ij}\hat{\sigma}_{ji} \\ J_3 &:= \hat{\sigma}^{III} = \det \hat{\boldsymbol{\sigma}} = \frac{1}{3}\hat{\sigma}_{ij}\hat{\sigma}_{jk}\hat{\sigma}_{ki} \end{aligned} \tag{A.10}$$

Diese Invarianten des Spannungstensors und des Spannungsdeviators sind unabhängig vom gewählten Basissystem $\boldsymbol{e}_i$. Daher eignen sie sich für die Formulierung von Stoffgesetzen. Folgende Darstellungen von J_2 werden ebenfalls häufig verwendet:

$$\begin{aligned} J_2 &= \frac{1}{2}\hat{\sigma}_{ij}\hat{\sigma}_{ji} = \frac{1}{2}\left[\hat{\sigma}_I^2 + \hat{\sigma}_{II}^2 + \hat{\sigma}_{III}^2\right] = \hat{\sigma}_{11}\hat{\sigma}_{22} + \hat{\sigma}_{11}\hat{\sigma}_{33} + \hat{\sigma}_{22}\hat{\sigma}_{33} - \hat{\sigma}_{12}^2 - \hat{\sigma}_{13}^2 - \hat{\sigma}_{23}^2 \\ J_2 &= \frac{1}{2}\hat{\sigma}_{ij}\hat{\sigma}_{ji} = \frac{1}{6}\left[(\sigma_I - \sigma_{II})^2 + (\sigma_I - \sigma_{III})^2 + (\sigma_{II} - \sigma_{III})^2\right] \end{aligned}$$

A.3 Der Satz von Cayley-Hamilton

Aus der kubischen Gleichung (A.8) zur Bestimmung der Hauptwerte eines Tensors $\boldsymbol{T}$ lässt sich der Nulltensor darstellen.

$$\boldsymbol{0} = \begin{pmatrix} T_{11} & 0 & 0 \\ 0 & T_{22} & 0 \\ 0 & 0 & T_{33} \end{pmatrix} \boldsymbol{n}_i \boldsymbol{n}_j \qquad \text{wobei:} \qquad \begin{aligned} T_{11} &= T_I^3 - T^I T_I^2 + T^{II} T_I - T^{III} \\ T_{22} &= T_{II}^3 - T^I T_{II}^2 + T^{II} T_{II} - T^{III} \\ T_{33} &= T_{III}^3 - T^I T_{III}^2 + T^{II} T_{III} - T^{III} \end{aligned}$$

$$\mathbf{0} = \begin{pmatrix} T_I^3 & 0 & 0 \\ 0 & T_{II}^3 & 0 \\ 0 & 0 & T_{III}^3 \end{pmatrix} \boldsymbol{n}_i\boldsymbol{n}_j - T^I \begin{pmatrix} T_I^2 & 0 & 0 \\ 0 & T_{II}^2 & 0 \\ 0 & 0 & T_{III}^2 \end{pmatrix} \boldsymbol{n}_i\boldsymbol{n}_j + T^{II} \begin{pmatrix} T_I & 0 & 0 \\ 0 & T_{II} & 0 \\ 0 & 0 & T_{III} \end{pmatrix} \boldsymbol{n}_i\boldsymbol{n}_j - T^{III}\boldsymbol{I}$$

$$\begin{aligned} \mathbf{0} &= \boldsymbol{T}^3 - T^I\boldsymbol{T}^2 + T^{II}\boldsymbol{T} - T^{III}\boldsymbol{I} \qquad |\cdot\boldsymbol{T}^p \\ \mathbf{0} &= \boldsymbol{T}^{p+3} - T^I\boldsymbol{T}^{p+2} + T^{II}\boldsymbol{T}^{p+1} - T^{III}\boldsymbol{T}^p \end{aligned}$$

Mit dieser Gleichung kann man jede Potenz des Tensors $\boldsymbol{T}$ durch die drei nächstkleineren Potenzen ausdrücken. Diese Gleichung ist bekannt als *Satz von* CAYLEY- HAMILTON.

$$\boldsymbol{T}^{p+3} = T^I\boldsymbol{T}^{p+2} - T^{II}\boldsymbol{T}^{p+1} + T^{III}\boldsymbol{T}^p \tag{A.11}$$

Abbildungsverzeichnis

Literaturverzeichnis

[1] F.B. Akoa. *Approches de points intérieurs et de la programmation DC en optimisation non convexe.* PhD thesis, Institut National des Sciences Appliquées de Rouen, France, 2007.

[2] F.B. Akoa, A. Hachemi, L.T.H. An, S. Mouhtamid, and P.D. Tao. Application of lower bound direct method to engineering structures. *J Glob Optim*, 37(4):609–630, 2007.

[3] I. Akrotirianakis and B. Rustem. A primal-dual interior-point algorithm with an exact and differentiable merit function for general nonlinear programming problems. *Optim Meth & Soft*, 14(1/2):1–36, 2000.

[4] I. Akrotirianakis and B. Rustem. Globally convergent interior-point algorithm for nonlinear programming. *J Optim Theory Appl*, 125(3):497–521, 2005.

[5] A. Altman and J. Gondzio. Regularized symmetric indefinite systems in interior point methods for linear and quadratic optimization. *Optim Meth & Soft*, 11/12:275–302, 1999.

[6] L.T.H. An and P.D. Tao. Solving a class of linearly constrained indefinite quadratic problems by DC algorithms. *J Glob Optim*, 11:253–285, 1997.

[7] L.T.H. An and P.D. Tao. The DC (difference of convex functions) programming and DCA revisited with DC models of real world nonconvex optimization problems. *Annals of Operations Research*, 133:23–46, 2005.

[8] L.T.H. An, P.D. Tao, and L.D. Muu. A combined DC optimization – ellipsoidal branch-and-bound algorithm for solving nonconvex quadratic programming problems. *J Comb Optim*, 2:9–28, 1998.

[9] E.D. Andersen, B. Jensen, J. Jensen, R. Sandvik, and U. Worsøe. MOSEK version 6. Technical Report TR–2009–3, MOSEK, 2009.

[10] E.D. Andersen, C. Roos, and T. Terlaky. On implementing a primal-dual interior-point method for conic quadratic optimization. *Math Program*, 95(2):249–277, 2003.

[11] G. Backhaus. Evolutionsgesetz der kinematischen Verfestigung. *ZAMM – J Appl Math Mech*, 72(9):397–406, 1992.

[12] T. Belytschko. Plane stress shakedown analysis by finite elements. *Int J Mech Sci*, 14(9):619–625, 1972.

[13] H.Y. Benson, D.F. Shanno, and R.J. Vanderbei. Interior-point methods for nonconvex nonlinear programming: Filter methods and merit functions. *Comput Optim Appl*, 23(2):257–272, 2002.

[14] H.Y. Benson, D.F. Shanno, and R.J. Vanderbei. A comparative study of large-scale nonlinear optimization algorithms. In G. Di Pillo and A. Murli, editors, *High performance algorithms and software for nonlinear optimization*, pages 95–127. Kluwer Academic Publishers B.V., Princeton University, 2003.

[15] L. Bergamaschi, J. Gondzio, and G. Zilli. Preconditioning indefinite systems in interior point methods for optimization. *Comput Optim Appl*, 28(2):149–171, 2004.

[16] Dampfkessel Bestimmungen TRD 301. Verband der Technischen Überwachungs-Vereine e.V., Carl Heymanns Verlag GmbH, 1997.

[17] C.D. Bisbos, A. Makrodimopoulos, and P.M. Pardalos. Second-order cone programming approaches to static shakedown analysis in steel plasticity. *Optim Meth & Soft*, 20(1):25–52, 2005.

[18] H. Bleich. Über die Bemessung statisch unbestimmter Stahltragwerke unter Berücksichtigung des elastisch-plastischen Verhaltens des Baustoffes. *Der Bauingenieur*, 19/20:261–267, 1932.

[19] R.H. Byrd, M.E. Hribar, and J. Nocedal. An interior point algorithm for large-scale nonlinear programming. *SIAM J Optim*, 9(4):877–900, 2000.

[20] C. Cartis. On the convergence of a primal-dual second-order corrector interior point algorithm for linear programming. Research Report NA-05/04, Numerical Analysis Group, Computing Laboratory, Oxford University, UK, 2005.

[21] C. Cartis. Some disadvantages of a Mehrotra-type primal-dual corrector interior point algorithm for linear programming. *Appl Numer Math*, 59:1110–1119, 2009.

[22] V. Carvelli, Z.Z. Cen, Y. Liu, and G. Maier. Shakedown analysis of defective pressure vessels by a kinematic approach. *Arch Appl Mech*, 69:751–764, 1999.

[23] H.F. Chen and A.R.S. Ponter. Shakedown and limit analyses for 3-D structures using the linear matching method. *Int J Press Vessels Piping*, 78:443–451, 2001.

[24] L. Chen and D. Goldfarb. Interior-point ℓ_2-penalty methods for nonlinear programming with strong global convergence properties. *Math Program*, 108:1–36, 2006.

[25] S. Chen, Y. Liu, and Z. Cen. Lower bound shakedown analysis by using the element free Galerkin method and non-linear programming. *Comput Methods Appl Mech Engrg*, 197(45–48):3911–3921, 2008.

[26] E. Christiansen and K.D. Andersen. Computation of collapse states with von Mises type yield condition. *Int J Numer Methods Engng*, 46(8):1185–1202, 1999.

[27] A.R. Conn, N.I.M. Gould, and P.L. Toint. *LANCELOT: a Fortran package for large-scale nonlinear optimization (Release A)*, volume 17. Springer Series in Computational Mathematics, Springer, Heidelberg/New York, 1992.

[28] A. Corigliano, G. Maier, and S. Pycko. Kinematic criteria of dynamic shakedown extended to nonassociate constitutive laws with saturation nonlinear hardening. *Redic Accademia Lincei IX*, 6:55–64, 1995.

[29] L. Corradi and A. Zavelani. A linear programming approach to shakedown analysis of structures. *Comput Methods Appl Mech Engrg*, 3:37–53, 1974.

[30] O. Débordes and B. Nayroles. Sur la théorie et le calcul à l'adaptation des structures élastoplastiques. *J Méc*, 15:1–53, 1976.

[31] M. Dür and A. Martin. Optimierung I, Skript zur gleichnamigen Vorlesung, Technische Universität Darmstadt, Deutschland, 2005.

[32] A.S. El-Bakry, R.A. Tapia, T. Tsuchiya, and Y. Zhang. On the formulation and theory of the Newton interior-point method for nonlinear programming. *J Optim Theory Appl*, 89:507–541, 1996.

[33] X.-Q. Feng and Q. Sun. Shakedown analysis of shape memory alloy structures. *Int J Plast*, 23:183–206, 2007.

[34] A. Forsgren. On warm starts for interior methods. In F. Ceragioli, A. Dontchev, H. Futura, K. Marti, and L. Pandolfi, editors, *System Modeling and Optimization*, volume 199 of *IFIP International Federation for Information Processing*, pages 51–66. Springer Boston, 2006.

[35] A. Forsgren, P.E. Gill, and M.H. Wright. Interior methods for nonlinear optimization. *SIAM Rev*, 44(4):525–597, 2002.

[36] R.S. Gajulapalli and L.S. Lasdon. Computational experience with a safeguarded barrier algorithm for sparse nonlinear programming. *Comput Optim Appl*, 19:107–120, 2001.

[37] G. Garcea, G. Armentano, S. Petrolo, and R. Casciaro. Finite element shakedown analysis of two-dimensional structures. *Int J Numer Methods Engng*, 63:1174–1202, 2005.

[38] D.M. Gay, M.L. Overton, and M.H. Wright. A primal-dual interior method for nonconvex nonlinear programming. In Y.-X. Yuan, editor, *Advances in nonlinear programming*, pages 31–56. Kluwer Academic Publishers, Dordrecht, 1998.

[39] P.E. Gill, W. Murray, and M.A. Saunders. SNOPT: An SQP algorithm for large-scale constrained optimization. *SIAM J Optim*, 12(4):979–1006, 2002.

[40] P.E. Gill, W. Murray, and M.A. Saunders. SNOPT: An SQP algorithm for large-scale constrained optimization. *SIAM Rev*, 47(1):99–131, 2005.

[41] J. Gondzio. Presolve analysis of linear programs prior to applying an interior point method. *INFORMS J Comput*, 9(1):73–91, 1997.

[42] I. Griva, D.F. Shanno, R.J. Vanderbei, and H.Y. Benson. Global convergence analysis of a primal-dual interior-point method for nonlinear programming. *Algorithmic Operations Research*, 3(1):12–19, 2008.

[43] J. Groß-Weege. On the numerical assessment of the safety factor of elastic-plastic structures under variable loading. *Int J Mech Sci*, 39(4):417–433, 1997.

[44] J. Groß-Weege and D. Weichert. Elastic-plastic shells under variable mechanical and thermal loads. *Int J Mech Sci*, 34:863–880, 1992.

[45] M. Grüning. *Die Tragfähigkeit statisch unbestimmter Tragwerke aus Stahl bei beliebig häufig wiederholter Belastung*. Springer Berlin, 1926.

[46] A. Hachemi. Sur les méthodes directes et leurs applications, Habilitationsschrift, Université des Sciences et Technologies de Lille, France, 2005.

[47] A. Hachemi, L.T.H. An, S. Mouhtamid, and P.D. Tao. Large-scale nonlinear programming and lower bound direct method in engineering applications. In L.T.H. An and P.D. Tao, editors, *Modelling, Computation and Optimization in Information Systems and Management Sciences*, pages 299–310. Hermes Science Publishing, London, 2004.

[48] A. Hachemi, S. Mouhtamid, A.D. Nguyen, and D. Weichert. Application of shakedown analysis to large-scale problems with selective algorithm. In D. Weichert and A.R.S. Ponter, editors, *Limit States of Materials and Structures*, pages 289–305. Springer, 2009.

[49] A. Hachemi, S. Mouhtamid, and D. Weichert. Application of lower bound direct method to large-scale problems. *PAMM – Proc Appl Math Mech*, 5:23–26, 2005.

[50] A. Hachemi, S. Mouhtamid, and D. Weichert. Progress in shakedown analysis with applications to composites. *Arch Appl Mech*, 74:762–772, 2005.

[51] A. Hachemi and D. Weichert. Numerical shakedown analysis of damaged structures. *Comput Methods Appl Mech Engrg*, 160(1–2):57–70, 1998.

[52] M. Heitzer. *Traglast- und Einspielanalyse zur Bewertung der Sicherheit passiver Komponenten*. PhD thesis, Forschungszentrum Jülich, RWTH Aachen, Deutschland, 1999.

[53] M. Heitzer, G. Pop, and M. Staat. Basis reduction for the shakedown problem for bounded kinematical hardening material. *J Glob Opt*, 17:185–200, 2000.

[54] R.C.J. Howland. On the stresses in the neighbourhood of a circular hole in a strip under tension. *Phil Trans R Soc Lond A229*, pages 49–86, 1930.

[55] W.T. Koiter. General theorems for elastic-plastic solids. In I.N. Sneddon and R. Hill, editors, *Progress in Solid Mechanics*, pages 165–221. North-Holland, Amsterdam, 1960.

[56] J.A. König. *Shakedown of elastic-plastic structures*. Elsevier, Amsterdam, 1987.

[57] J.A. König and A. Siemaszko. Shakedown of elastic-plastic structures. *Ing-Arch*, 58:58–66, 1988.

[58] K. Krabbenhøft and L. Damkilde. A general nonlinear optimization algorithm for lower bound limit analysis. *Int J Numer Methods Engng*, 56:165–184, 2003.

[59] K. Krabbenhøft, A.V. Lyamin, and S.W. Sloan. Bounds to shakedown loads for a class of deviatoric plasticity models. *Comput Mech*, 39:879–888, 2007.

[60] K. Krabbenhøft, A.V. Lyamin, and S.W. Sloan. Formulation and solution of some plasticity problems as conic programs. *Int J Solids Struct*, 44:1533–1549, 2007.

[61] K. Krabbenhøft, A.V. Lyamin, S.W. Sloan, and P. Wriggers. An interior-point algorithm for elastoplasticity. *Int J Numer Methods Engng*, 69:592–626, 2007.

[62] H.W. Kuhn and A.W. Tucker. Nonlinear programming. In J. Neyman, editor, *Second Berkeley Symposium on Mathematical Statistics and Probability*, pages 481–492. University of California Press, 1950.

[63] C.V. Le, M. Gilbert, and H. Askes. Limit analysis of plates using the EFG method and second-order conic programming. *Int J Numer Methods Engng*, 78(13):1532–1552, 2009.

[64] C.V. Le, H. Nguyen-Xuan, H. Askes, S. Bordas, T. Rabczuk, and H. Nguyen-Vinh. A cell-based smoothed finite element method for kinematic limit analysis. *Int J Numer Methods Engng*, 83(12):1651–1674, 2010.

[65] Y.H. Liu, X.F. Zhang, and Z.Z. Cen. Lower bound shakedown analysis by the symmtric Galerkin boundary element method. *Int J Plast*, 21:21–42, 2005.

[66] A.V. Lyamin and S.W. Sloan. Lower bound limit analysis using nonlinear programing. *Int J Numer Methods Engng*, 55:573–611, 2002.

[67] G. Maier. A shakedown theory allowing for workhardening and second-order geometric effects. In A. Sawczuk, editor, *Foundations of plasticity*. Noordhoffs, 1972.

[68] G. Maier, J. Pastor, A.R.S. Ponter, and D. Weichert. Direct methods of limit and shakedown analysis. In R. de Borst and H.A. Mang, editors, *Comprehensive Structural Integrity – Fracture of Materials from Nano to Macro*, volume 3: Numerical and Computational Methods, pages 637–684. Elsevier, 2003.

[69] A. Makrodimopoulos. Computational formulation of shakedown analysis as a conic quadratic optimization problem. *Mech Res Commun*, 33:72–83, 2006.

[70] A. Makrodimopoulos and C.M. Martin. Lower bound limit analysis of cohesive-frictional materials using second-order cone programming. *Int J Numer Methods Engng*, 66(4):604–634, 2006.

[71] J. Mandel. Adaptation d'une structure plastique ecrouissable et approximations. *Mech Res Commun*, 3:483–488, 1976.

[72] N. Maratos. *Exact penalty function algorithms for finite dimensional and control opimization problems*. PhD thesis, University of London, UK, 1978.

[73] S. Mehrotra. On the implementation of a primal-dual interior point method. *SIAM J Optim*, 2(4):575–601, 1992.

[74] G. Meier. *Numerische und experimentelle Shakedown-Untersuchungen an Druckbehälterstutzen.* PhD thesis, Lehrstuhl für Apparate- und Anlagenbau, Experimentelle Spannungsanalyse, TU München, Deutschland, 2005.

[75] E. Melan. Theorie statisch unbestimmter Tragwerke aus ideal-plastischem Baustoff. *Sitzungsber Akad Wiss Wien, math-nat Kl, Abt IIa*, 145:195–218, 1936.

[76] E. Melan. Der Spannungszustand eines Mises-Hencky'schen-Kontinuums bei veränderlicher Belastung. *Sitzungsber Akad Wiss Wien, math-nat Kl, Abt IIa*, 147:73–87, 1938.

[77] E. Melan. Zur Plastizität des räumlichen Kontinuums. *Ing-Arch*, 9:116–126, 1938.

[78] AD Merkblatt B9. Verband der Technischen Überwachungs-Vereine e.V., Carl Heymanns Verlag GmbH, 1995.

[79] C. Mészáros. On free variables in interior point methods. *Optim Meth & Soft*, 9:121–139, 1998.

[80] J.L. Morales, J. Nocedal, R.W. Waltz, G. Lie, and J.-P. Goux. Assessing the potential of interior methods for nonlinear optimization. In L.T. Biegler, O. Ghattas, M. Heinkenschloss, and B. van Bloemen Waander, editors, *Large-scale PDE-constrained Optimization*, volume 30, pages 167–183. Springer, 2003.

[81] A.J. Morris. *Foundation of Structural Optimization: A unified approach.* John Wiley, 1982.

[82] S. Mouhtamid. *Anwendung direkter Methoden zur industriellen Berechnung von Grenzlasten mechanischer Komponenten.* PhD thesis, Institut für Allgemeine Mechanik, RWTH Aachen, Deutschland, 2007.

[83] Z. Mroz, D. Weichert, and S. Dorosz. *Inelastic behavior of structures under variable loads.* Kluwer Academic Publishers, 1995.

[84] J.J. Munoz, J. Bonet, A. Huerta, and J. Peraire. Upper and lower bounds in limit analysis: Adaptive meshing strategies and discontinuous loading. *Int J Numer Methods Engng*, 77(4):471–501, 2009.

[85] A.D. Nguyen, A. Hachemi, and D. Weichert. Application of the interior-point method to shakedown analysis of pavements. *Int J Numer Methods Engng*, 75:414–439, 2008.

[86] Q.-S. Nguyen. On shakedown analysis in hardening plasticity. *J Mech Phys Solids*, 51:101–125, 2003.

[87] T. Nguyen-Thoi, H.C. Vu-Do, T. Rabczuk, and H. Nguyen-Xuan. A node-based smoothed finite element method (NS-FEM) for upper bound solution to visco-elastoplastic analyses of solids using triangular and tetrahedral meshes. *Comput Methods Appl Mech Engrg*, 199(45–48):3005–3027, 2010.

[88] J. Nocedal, A. Wächter, and R.A. Waltz. Adaptive barrier update strategies for nonlinear interior methods. *SIAM J Optim*, 19(4):1674–1693, 2009.

[89] F. Pastor. *Résolution par des méthodes de point intérieur de problèmes de programmation convexe posés par l'analyse limite.* PhD thesis, Département de mathématiques, Facultés universitaires Notre-Dame de la Paix de Namur, Belgium, 2007.

[90] F. Pastor and E. Loute. Solving limit analysis problems: an interior-point method. *Comm Numer Methods Engng*, 21(11):631–642, 2005.

[91] F. Pastor and E. Loute. Limit analysis decomposition and finite element mixed method. *J Comput Appl Math*, 234(7):2213–2221, 2010.

[92] F. Pastor, E. Loute, J. Pastor, and M. Trillat. Mixed method and convex optimization for limit analysis of homogeneous Gurson materials: a kinematic approach. *Eur J Mech A/Solids*, 28:25–35, 2009.

[93] F. Pastor, P. Thoré, E. Loute, J. Pastor, and M. Trillat. Convex optimization and limit analysis: Application to Gurson and porous Drucker-Prager materials. *Eng Fract Mech*, 75:1367–1383, 2008.

[94] D.C. Pham. Shakedown theory for elastic plastic kinematic hardening bodies. *Int J Plast*, 23:1240–1259, 2007.

[95] D.C. Pham. On shakedown theory for elastic-plastic materials and extensions. *J Mech Phys Solids*, 56:1905–1915, 2008.

[96] D.C. Pham and D. Weichert. Shakedown analysis for elastic-plastic bodies with limited kinematical hardening. *Proc R Soc Lond A*, 457:1097–1110, 2001.

[97] P.T. Pham, D.K. Vu, T.N. Tran, and M. Staat. An upper bound algorithm for shakedown analysis of elastic-plastic bounded linearly kinematic hardening bodies. In *Proc ECCM 2010*, 2010.

[98] A.R.S. Ponter. A general shakedown theorem for elastic plastic bodies with work hardening. In *Proc SMIRT-3, paper L5/2*, 1975.

[99] F.A. Potra and S.J. Wright. Interior-point methods. *J Comput Appl Math*, 124:281–302, 2000.

[100] R.T. Rockafellar. *Convex Analysis.* Princeton University Press, 1970.

[101] R.T. Rockafellar. Lagrange multipliers and optimality. *SIAM Rev*, 35(2):183–238, 1993.

[102] M.A. Saunders. Cholesky-based methods for sparse least squares: The benefits of regularization. In L. Adams and J.L. Nazareth, editors, *Linear and nonlinear conjugate gradient-related methods*, pages 92–100. SIAM, 1996.

[103] M.A. Saunders and J.A. Tomlin. Solving regularized linear programs using barrier methods and KKT systems. Technical Report SOL 96-4, Dept. of Operations Research, Stanford University, Stanford, CA 94305, USA, 1996.

[104] F. Schwabe. *Einspieluntersuchungen von Verbundwerkstoffen mit periodischer Mikrostruktur.* PhD thesis, Institut für Allgemeine Mechanik, RWTH Aachen, Deutschland, 2000.

[105] R. Silva, J. Soares, and L.N. Vicente. Local analysis of the feasible primal-dual interior point method. *Comput Optim Appl*, 40:41–47, 2008.

[106] J.-W. Simon. Nichtlineare Materialgesetze für Böden unter monotoner und zyklischer Belastung. Master's thesis, Institut für Bauingenieurwesen, Technische Universität Berlin, Deutschland, 2004.

[107] J.-W. Simon, M. Chen, and D. Weichert. Shakedown analysis combined with the problem of heat conduction. In *ASME Conf Proc PVP2010*, volume 2, pages 133–142, 2010.

[108] J.-W. Simon and D. Weichert. An improved interior-point algorithm for large-scale shakedown analysis. In *PAMM – Proc Appl Math Mech*, volume 10, pages 223–224, 2010.

[109] J.-W. Simon and D. Weichert. Interior-point method for the computation of shakedown loads for engineering systems. In *ASME Conf Proc ESDA2010*, volume 4, pages 253–262, 2010.

[110] J.-W. Simon, D. Weichert, and M. Kreimeier. A selective algorithm for shakedown analysis using the interior-point method. In A. Khan, editor, *17. Int Symp Plast & Curr Appl*, 2011.

[111] M. Staat and M. Heitzer. The restricted influence of kinematical hardening on shakedown loads. In *Proc WCCM V*, 2002.

[112] E. Stein, G. Zhang, and Y. Huang. Modeling and computation of shakedown problems for nonlinear hardening materials. *Comput Methods Appl Mech Engrg*, 103(1–2):247–272, 1993.

[113] E. Stein, G. Zhang, and J.A. König. Shakedown with nonlinear strain-hardening including structural computation using finite element method. *Int J Plast*, 8(1):1–31, 1992.

[114] E. Stein, G. Zhang, R. Mahnken, and J.A. König. Micromechanical modelling and computation of shakedown with nonlinear kinematic hardening including examples for 2-D problems. In D.R. Axelard and W. Muschik, editors, *Recent developments of micromechanics.* Springer, 1990.

[115] J.F. Sturm. Using SeDuMi 1.02. a MATLAB toolbox for optimization over symmetric cones. *Optim Meth & Soft*, 11–12:625–653, 1999.

[116] R.A. Tapia. On the fundamental role of interior-point methodology in constrained optimization. Technical Report CRPC–TR 97730, Center of Research on Parallel Computation, Rice University, 6100 South Main Street, CRPC - MS 41, 1997.

[117] T.N. Tran, G.R. Liu, H. Nguyen-Xuan, and T. Nguyen-Thoi. An edge-based smoothed finite element method for primal-dual shakedown analysis of structures. *Int J Numer Methods Engng*, 82:917–938, 2010.

[118] M. Trillat and J. Pastor. Limit analysis and Gurson's model. *Eur J Mech A/Solids*, 24:800–819, 2005.

[119] R.H. Tütüncü, K.C. Toh, and M.J. Todd. Solving semidefinite-quadratic-linear programs using SDPT3. *Math Program Series B*, 95:189–217, 2003.

[120] S. Ulbrich. Innere-Punkte-Verfahren der konvexen Optimierung, Skript zur gleichnamigen Vorlesung, Fachbereich für Mathematik, Technische Universität Darmstadt, Deutschland, 2006.

[121] R.J. Vanderbei. Symmetric quasidefinite matrices. *SIAM J Optim*, 5(1):100–113, 1995.

[122] R.J. Vanderbei. LOQO: An interior point code for quadratic programming. *Optim Meth & Soft*, 11–12:451–484, 1999.

[123] R.J. Vanderbei and T.J. Carpenter. Symmetric indefinite systems for interior point methods. *Math Program*, 58:1–32, 1993.

[124] R.J. Vanderbei and D.F. Shanno. An interior point algorithm for nonconvex nonlinear programming. *Comput Optim Appl*, 13:231–252, 1999.

[125] D.K. Vu and M. Staat. Analysis of pressure equipment by application of the primal-dual theory of shakedown. *Comm Numer Methods Engng*, 23(3):213–225, 2007.

[126] D.K. Vu, A.M. Yan, and H. Nguyen-Dang. A dual form for discretized kinematic formulation in shakedown analysis. *Int J Solids Struct*, 41:267–277, 2004.

[127] D.K. Vu, A.M. Yan, and H. Nguyen-Dang. A primal-dual algorithm for shakedown analysis of structures. *Comput Methods Appl Mech Engrg*, 193:4663–4674, 2004.

[128] A. Wächter. *An interior point algorithm for large-scale nonlinear optimization with applications in process engineering.* PhD thesis, Carnegie Mellon University, Pittsburgh, Pennsylvania, 2002.

[129] A. Wächter and L.T. Biegler. Line-search filter methods for nonlinear programming: Motivation and global convergence. *SIAM J Optim*, 16(1):1–31, 2005.

[130] A. Wächter and L.T. Biegler. On the implementation of an interior-point filter line-search algorithm for large-scale nonlinear programming. *Math Program*, 106(1):25–57, 2006.

[131] W. Wagner. *Festigkeitsberechnungen im Apparate- und Rohrleitungsbau.* Vogel Fachbuch, Kamprath-Reihe, 1995.

[132] R.A. Waltz, J.L. Morales, J. Nocedal, and D. Orban. An interior algorithm for nonlinear optimization that combines line search and trust region steps. *Math Program*, 107(3):391–408, 2006.

[133] D. Weichert and J. Groß-Weege. The numerical assessment of elastic-plastic sheets under variable mechanical and thermal loads using a simplified two-surface yield condition. *Int J Mech Sci*, 30(10):757–767, 1988.

[134] D. Weichert and A. Hachemi. Progress in the application of lower bound direct methods in structural design. *Int J Appl Mech*, 2(1):145–160, 2010.

[135] D. Weichert, A. Hachemi, S. Mouhtamid, and A.D. Nguyen. On recent progress in shakedown analysis and applications to large-scale problems. In *IUTAM Symposium on theoretical, computational and modelling aspects of inelastic media*, volume 11, pages 349–359. 2008.

[136] D. Weichert and G. Maier. *Inelastic analysis of structures under variable repeated loads*. Kluwer Academic Publishers, Dordrecht, 2000.

[137] D. Weichert and A.R.S. Ponter. *Limit states of materials and structures*. Springer, Wien/New York, 2009.

[138] K. Wiechmann and E. Stein. Shape optimization for elasto-plastic deformation. *Int J Solids Struct*, 43:7145–7165, 2006.

[139] M.H. Wright. Interior methods for constrained optimization. *Acta Numerica*, 1:341–407, 1992.

[140] M.H. Wright. The interior-point revolution in optimization: History, recent developments and lasting consequences. *Bull Amer Math Soc*, 42(1):39–56, 2004.

[141] W. Zander. Höhere Festigkeitslehre, Skript zur gleichnamigen Vorlesung, Institut für Mechanik, Technische Universität Berlin, Deutschland, 2000.

[142] J. Zarka and J. Casier. Elastic-plastic response of a structure to cyclic loading: practical rule. In S. Nemat-Nasser, editor, *Mechanics today*, volume 6. Pergamon, 1981.

[143] A. Zaslavski, R. Byrd, J. Nocedal, and R. Waltz. KNITRO: An integrated package for nonlinear optimization. In P. Pardalos, G. Pillo, and M. Roma, editors, *Large-Scale Nonlinear Optimization*, volume 83 of *Nonconvex Optimization and Its Applications*, pages 35–59. Springer US, 2006.

[144] G. Zhang. *Einspielen und dessen numerische Behandlung von Flächentragwerken aus ideal plastischem bzw kinematisch verfestigendem Material*. PhD thesis, Institut für Mechanik, Universität Hannover, Deutschland, 1992.

[145] T. Zhang and L. Raad. An eigen-mode method in kinematic shakedown analysis. *Int J Plast*, 18:71–90, 2002.

[146] N. Zouain, L. Borges, and J. Silveira. An algorithm for shakedown analysis with nonlinear yield functions. *Comput Methods Appl Mech Engrg*, 191:2463–2481, 2002.

MIX
Papier aus verantwortungsvollen Quellen
Paper from responsible sources
FSC® C105338

Printed by Books on Demand GmbH, Norderstedt / Germany